黑龙江省优秀学术著作出版资助项目

智能预测方法及其在能源领域的应用

李明伟　洪维强　耿　敬　耿贺松　著

内容简介

本书在总结能源预测领域研究成果基础上，首先介绍了过去几十年中应用于电负荷预测的不同技术，其中包括 ARIMA、SARIMA、HW、SHW、GRNN、BPNN、SVR 模型，混沌云理论及周期性/季节性机制等；然后阐述了经典预测模型及其在能源预测领域的应用情况；最后从基于进化算法的 SVR 参数确定方法、基于改进优化算法的 SVR 参数确定方法及计入周期/季节机制的进化 SVR 预测模型三个方面，系统论述了将 SVR、进化算法、云理论、周期/季节机制融合应用于能源预报的建模方法及改进效果。

本书可供预测方法、数理统计及能源预测的研究人员阅读，也可供大专院校数学、计算机、能源开发等专业教师、研究生、高年级学生参考。

图书在版编目(CIP)数据

智能预测方法及其在能源领域的应用/李明伟等著. —
哈尔滨:哈尔滨工程大学出版社,2019. 3
ISBN 978 -7 -5661 -2150 -9

Ⅰ. ①智…　Ⅱ. ①李…　Ⅲ. ①算法分析 - 应用 - 能源 - 预测 - 研究　Ⅳ. ①TK01

中国版本图书馆 CIP 数据核字(2019)第 044225 号

选题策划　张淑娜
责任编辑　张志雯　丁月华
封面设计　刘长友

出版发行　哈尔滨工程大学出版社
社　　址　哈尔滨市南岗区南通大街 145 号
邮政编码　150001
发行电话　0451 - 82519328
传　　真　0451 - 82519699
经　　销　新华书店
印　　刷　哈尔滨市石桥印务有限公司
开　　本　787 mm × 1 092 mm　1/16
印　　张　10
字　　数　256 千字
版　　次　2019 年 3 月第 1 版
印　　次　2019 年 3 月第 1 次印刷
定　　价　45.00 元
http://www. hrbeupress. com
E-mail:heupress@ hrbeu. edu. cn

前　言

随着我国经济的蓬勃发展，工业、商业和居民生活用电需求也显著增加。确保电能为所有用电者使用（即满足用户需求），将成为电力能源行业的一个重要的挑战。电能的可用性和可靠性成为制定能源政策时需关心的首要问题，准确的电力负荷预测可为能源管理机构提供重要决策支撑。

随着电力企业私有化和电力行业放松管制，对未来电力需求进行预测和预测的准确性已受到越来越多的关注，特别是在地区和国家系统上的用电负荷规划、能源支出、成本经济和安全运营领域。从电力负荷依赖性的角度考虑，供电商面临着日益激烈的市场竞争，必须更加关注供电质量，包括机组组合、水火协调、短期维护、交换和交易评价、电流网络调度优化和安全策略等。电力负荷预测的不准确会大大增加经营成本。因此，对未来电力负荷的过量估计会导致不必要的热机备转容量；相反，电力负荷估计不足会导致无法提供足够的储备，这意味着在用电高峰时段的电价过高。然而，预测电力负荷是复杂的，需考虑各种影响因素，如气候因素、社会因素和季节因素等。气候因素主要包括温度和湿度；社会因素指人类社会活动，包括工作、教学活动和影响电力负荷的娱乐活动等；季节因素包括季节性气候变化和年复一年的负荷增长。

本书作者在总结多年来课题组在能源预报领域研究成果的基础上，介绍了过去几十年中应用于电力负荷预测的不同技术，其中包括差分整合移动平均自回归模型（ARIMA 模型）、季节性差分整合移动平均自回归模型（SARIMA 模型）、霍尔特温特斯线性指数平滑模型（HW 模型）、季节性霍尔特温特斯线性指数平滑模型（SHW 模型）、广义回归神经网络模型（GRNN 模型）、反向传播神经网络模型（BPNN 模型）、支持向量回归机模型（SVR 模型）和混沌云理论及周期性/季节性机制等。本书共包含 5 章：

第 1 章主要介绍了传统预测方法、人工智能方法和 SVR 模型在能源预测领域的应用及提高 SVR 模型预测精度的主要途径等，以帮助读者了解电力负荷预测涉及的重要问题、发展趋势和不足。

第 2 章首先介绍了目前应用于能源预测领域的几类经典预测模型；然后阐述了 SVR 模型及其在预测过程中参数确定对预测性能的影响；最后为了论述后续改进模型对预测精度的提升，给出了预测实例，并根据目前应用情况选取了包括 ARIMA 模型、SARIMA 模型、HW 模型、SHW 模型、GRNN 模型、BPNN 模型和 SVR 模型等 7 个有代表性的模型作为对比模型。

第 3 章针对参数的选取在很大程度上决定着 SVR 模型的预测精度这一情况，将进化算法用于对参数的智能搜索，介绍了遗传算法（GA）、模拟退火算法（SA）、与 SA 混合的 GA（GA－SA）、粒子群优化算法（PSO）、蚁群优化算法（ACO）、人工蜂群算法（ABC）和免疫算法（IA）等具有代表性的进化算法在 SVR 模型中的应用情况。

第 4 章介绍了将经典的进化算法应用于 SVR 模型参数优选过程中，普遍缺乏知识记忆或存储机制,从而导致在寻找合适的参数时既费时又低效,最终早熟收敛(陷入局部最优)。本章首先介绍了混沌理论,然后将混沌理论引入进化算法,论述了融合混沌理论和经典进化算法的混合优化算法在 SVR 模型参数优选中的应用。

第 5 章为了进一步提高预测精度,继续尝试将周期机制或季节性机制融入 SVR 预测模型中,建立混合预测模型,并对混合预测模型的预测精度进行了论述。

本书融理论性与实践性于一体,内容丰富、论证严谨、图文并茂、实用性强,对于学习、了解、掌握能源预测理论和方法具有很好的参考价值。本书可供预测方法、数理统计及能源预测的研究人员阅读,也可供大专院校数学、计算机、能源开发等专业教师、研究生、高年级学生参考。

本书由李明伟、洪维强、耿敬、耿贺松著。在成书过程中李琛、张洋、韩宇、薛蓉、张泰、周家春、陈博文、张国文、刘永超、张娜、徐前、朱睿等同志在项目实例组织、资料整理、程序代码调试方面做了大量的工作,在此表示感谢。

本书研究成果得到了国家自然科学基金(51509056)、江苏特聘教授计划、黑龙江省自然科学基金面上项目(E2017028)、交通运输部信息化科技项目(2014364554050)、黑龙江省水利厅科技项目(SLKYG2015-923)、中国博士后科学基金特别资助项目(2016T90271)、大连理工大学海岸和近海工程国家重点实验室开放基金项目(LP1610)以及多个工程应用项目的资助,在此一并表示感谢。

由于作者水平有限,书中错误和疏漏之处在所难免,恳请各位专家、同行不吝赐教,也诚请广大读者提出宝贵意见。

著　者

2018 年 5 月

目 录

第1章　概　　述

1.1　传统预测方法在能源预测领域的应用

在过去的几十年里，人们对提高电力负荷预测准确性的方法进行了广泛的研究。其中一种方法是不考虑天气因素，使用历史负荷数据推断未来的电力负荷。这种方法采用的是差分整合移动平均自回归模型（ARIMA 模型），它的理论基础是单变量时间序列。W. R. Christianse 和 J. H. Park 等用傅里叶级数变换设计电力负荷预测指数平滑模型。许多研究人员在负荷预测模型中考虑了季节性、温度和星期等相关因素的影响，G. A. N Mbamalu 等考虑了负荷预测中的季节性因素，建立了多元自回归（AR）模型。分析结果表明，该模型的预测精度优于单变量 AR 模型。A. P. Douglas 等考虑温度对预测模型的影响，将贝叶斯估计与动态线性模型相结合进行负荷预测。试验结果表明，该模型适用于不完全天气信息下的负荷预测。R. Sadownik 等提出了动态非线性模型的负荷预测。这些方法的主要缺点是，随着变量数目增加，需要消耗更多的计算时间。A. Azadeh 等利用模糊系统设计了一个理想的规则库，确定了何种类型的自回归滑动平均模型（ARMA 模型）可被选用。预测结果表明，综合方法胜过了那些新的智能计算模型。B. Wang 等提出的混合最大自回归滑动平均模型（ARMAX 模型）与粒子群优化算法模型，有效解决了由外部变量引起的陷入局部最优解问题（如天气条件），模型预测结果也表明，该方法具有优越的预测精度。

为满足负荷预测的精度，将为降低实际负荷与预测负荷之间的差异（随机误差）而开发的状态空间和卡尔曼滤波技术，用于负荷预测模型。该方法将载荷的周期分量引入随机过程。这就要求历史数据超过 3 ~ 10 年，以构建周期性负荷变化来估计电力系统的因变量（温度或载荷）。I. Moghram 等基于这一技术提出了一种预测模型，并验证了所提出的模型优于其他 4 种预测方法（多元线性回归、时间序列、指数平滑法和以知识为基础的方法）。同样，J. H. Park 等提出了一种基于状态空间和卡尔曼滤波技术的负荷预测模型，也证明了该模型优于其他方法。2006 年，H. M. Al - Hamadi 等采用基于模糊规则的逻辑，利用天气数据的当前值和近期负荷与天气数据历史的移动窗口，递归估计每小时负荷的最优模糊参数。N. Amjady 提出了用预测混合模型辅助状态估计器（FASE）和多层感知器（MLP）神经网络进行电力系统短期负荷预测，该混合模型已在实际电力系统中进行测试，结果表明该混合模型较其他模型（如 MLP 模型、FASE 模型、周期自回归模型（PAR 模型））具有更好的预测精度。

回归模型是另一种流行的电力负荷预测模型，它建立了电力负荷与自变量之间的因果关系。最流行的模型是由 C. E. Asbury 提出的线性回归模型，考虑用“天气”变量来解释电力负荷。同时，A. D. Papalexopoulos 等将“假日”和“温度”因素添加到设计的模型中，该模型采用加权最小二乘法得到考虑异方差性的鲁棒参数估计。此外,S. A. Soliman 等提出了一种用于负荷预测的多元线性回归模型,其中包括温度、风冷和湿度因素。实证结果表明,该模型优于混合模型和调和模型。同样,S. Mirasgedis 等还将气象变量用于预测希腊的电力需求。Z. Mohamed 等利用经济和地理变量(如国内生产总值(GDP)、电价和人口)预测新西兰的电力消费。在这些模型中,因变量通常有天气不敏感和天气敏感之分。然而,这些模型都是基于线性假设的,即由于变量之间的非线性关系,导致独立变量不能被很好地模拟。因此,2007 年 G. J. Tsekouras 等引入非线性多变量回归方法预测年负荷,将相关分析与加权因子相结合,选择合适的输入变量。D. Asber 等利用 Kernel 回归模型,为加拿大魁北克水电站配电网建立了过去、当前和未来温度之间的关系,并使用温度负荷预测系统负荷。

1.2 人工智能方法在能源预测领域的应用

近年来,许多研究人员试图利用人工智能技术来提高电力负荷预测模型的准确性。基于知识的专家系统(KBES)和人工神经网络(ANN)是其中较流行的代表。S. Rahman 等提出了一个 KBES 模型用于电力负荷预测。他们根据接收到的信息建立新的规则,包括每日气温、日类型和历史负荷等。这种方法的特点是以规则为基础,从接收到的信息中探索新规则。换句话说,这种方法源于训练规则,即将信息转化为数学方程,预测能力由存在性假设训练得出,显著提高了预测精度。近年来,负荷预测中模糊推理系统和模糊理论的应用也受到广泛关注,L. C. Ying 等介绍了自适应网络模糊推理系统(ANFIS),通过寻找输入与输出数据的映射关系来确定隶属函数的最优分布,以预测区域负荷。P. F. Pai 等使用模糊方法提高了负荷预测的精度。

同时,很多研究人员也尝试将人工神经网络应用于提高负荷预测精度水平。1975 年,T. S. Dillon 等在短期负荷预测的应用中,使用自适应模式识别和自组织技术。1991 年,T. S. Dillon 等提出了一种三层前馈自适应神经网络预测短期负荷。他们提出的模型由反向传播神经网络进行训练。该模型应用于电力系统的真实预报中,与其他模型相比得到了更好的结果。与此同时,D. C. Park 等提出了一个三层反向传播神经网络,并将其应用于日负荷预测问题。该神经网络输入包括 3 个温度指标:平均、峰值和最低负荷。输出是峰值负载。提出的模型在预测精度指数和平均绝对误差(MAPE)上较回归模型和时间序列模型更优。此外,K. L. Ho 等开发了一种预测我国台湾电力负荷的自适应学习算法。数值计算结果表明,该算法收敛速度比传统的反向传播学习算法快。B. Novak 采用径向基函数(RBF)神经网络预测电力负荷。分析结果表明,RBF 神经网络比反向传播神经网络计算速度至少快 11 倍,更可靠。G. A. Darbellay 等应用人工神经网络预测捷克的电力负荷。试验结果表明,提出的神经网络模型在归一化平均平方误差上优于 ARIMA 模型。R. E. Abdel - Aal 提出了一个溯因网络,并在 5 年周期中进行提前 1 h 负荷预测。该模型基于平均绝对百分误差的测量,取得了很好的结果。C. C. Hsu 等利用反向传播神经网络预测我国台湾地区电力负荷。试验结果表明,人工神经网络方法优于回归模型。2006 年,N. Kandil 等将人工神经网络用于短期负荷预测,利用加拿大魁北克水电数据库中的真实负荷和天气数据,将 3 种类型的变量引入神经网络。他们提出的模型演示了神经网络在负荷预测方面的能力。在此应用中只有温度被引入,结果表明其他变量(如天空状况(云量)和风速)没有较大的影响,在负荷预测中可不予考虑。统计方法或其他智能方法的混合神经网络模型的应用也备受关注,如贝叶斯推理的混合、自组织映射、小波变换、粒子群优化算法(PSO)和动力机制等。

1.3 SVR模型在能源预测领域的应用

V. Vapnik 提出的支持向量机(SVM)有效克服了 ANN 的缺点。与大部分传统神经网络模型采用经验风险最小化原则来减少训练误差不同,SVM 利用经典的结构风险最小化原则来最小化泛化误差的上界。SVM 可以从理论上保证达到全局最优,而不是像 ANN 模型那样捕获局部最优。因此,求解原始低维输入空间中的非线性问题可以等价于求解线性约束二次规划问题,并在高维特征空间中找到其线性解。最初,SVM 在模式识别、生物信息学以及其他人工智能相关应用领域得到了广泛的应用。此外,通过引入 V. Vapnik 的 ε - 不灵敏损失函数,SVM 已被推广到求解非线性回归估计问题,这就是所谓的支持向量回归机(SVR)。

SVR 已成功地用来解决许多领域的预测问题,如金融时间序列预测、机械工业产值预测、软件可靠性预测、大气科学预测、旅游预测等。同时,SVR 模型也已经成功地应用于电力负荷预测。L. Cao 利用 SVM 进行时间序列预测。广义 SVM 在模拟包含两阶的神经网络结构方面更有优势。L. Cao 等提出了一种动态 SVM 模型来处理非静止时间序列问题。试验结果表明,在非静止时间序列预测中动态 SVM 模型优于标准 SVM。同时,F. E. H. Tay 等提出 Cascending SVM 以进行非静态金融时间序列建模。试验结果表明,采用实际有序样本数据的 Cascending SVM 较标准的 SVM 具有持续的更优表现。F. E. H. Tay 等利用 SVM 预测金融时间序列。数值结果表明,在金融时间序列预测中,SVM 优于多层反向传播神经网络。P. F. Pai 等在台风袭击我国台湾期间应用 SVR 预测降水。结果表明,SVR 优于其他预测模型,如霍尔特温特斯线性指数平滑模型(HW 模型)、季节性霍尔特温特斯线性指数平滑模型(SHW 模型)和递归神经网络模型(RNN 模型)。W. C. Hong 等应用 SVM 预测发动机可靠性。试验结果表明,SVM 优于 Duane 模型、ARIMA 模型和广义回归神经网络模型(GRNN 模型)。对于电力负荷预测,B. J. Chen 等是引入 SVM 模型的先驱者,他们的试验是欧洲智能技术网络在 2001 年组织的针对中期负荷预测的获奖项目(预测未来 31 d 的日最大负荷)。该研究详细讨论了如何将 SVM 成功应用于负荷预测。在我国台湾地区长期电力负荷预测中,F. P. Pai 等采用 Jordan 回归神经网络的概念构建了回归 SVR 模型。此外,他们用遗传算法(GA)来确定混沌支持向量机模型(RSVMG 模型)的近似最优参数。他们的结论是,RSVMG 模型优于其他模型。同样,F. P. Pai 等也提出了用 SVR 和模拟退火算法(SA)的混合模型来长期预测我国台湾的电力负荷。其中,SA 用来选择模拟退火支持向量机模型(SVMSA 模型)的近似最优参数。总而言之,他们的研究表明在 MAPE、MAD 和标准均方根误差(NRMSE)上,SVMSA 优于 ARIMA 模型和 GRNN 模型。

实证结果表明,SVR 模型中的 3 个参数 C(平衡训练误差和权重)、ε(不敏感损失函数的宽度)和 σ(高斯核函数的参数)对预测精度有显著影响。尽管文献中的许多出版物对 SVR 参数的适当设置给出了一些建议,但是这些方法并没有同时考虑 3 个参数之间的交互作用，尚未形成参数确定的统一方法。采用优化求解过程以获得合适的参数组合是可行的，例如最小化描述上述结构风险的目标函数。进化算法，如 GA、SA、免疫算法(IA)、PSO 与禁忌搜索，是可以用来确定合适的参数值的候选方法。然而，进化算法几乎没有知识记忆或存储功能，这将导致在寻找合适的参数时费时低效(即过早收敛或陷入局部最优)。因此，有必要考虑一些可行的方法，如融合或结合其他先进的技术，来克服早熟收敛问题。

1.4 提高 SVR 模型预测精度的主要途径

如前所述，进化算法几乎都有其理论的缺陷，如缺乏知识的记忆和存储功能，需耗费大量的时间训练，以及陷入局部最优。因此，用一些新的搜索技术来调整其内部参数(如突变速度、交叉速度、退火温度等)以克服此类进化算法固有的缺点是可行的。

1.4.1 融合混合进化算法

在 GA 中，新的个体按照如下方式产生——选择、交叉、变异。对于所有类型的目标函数，每代都是从参数集的二进制编码开始的。基于这种特殊的二进制编码过程，GA 能够解决一些传统算法难以解决的问题。GA 可以从总体中生成一些最佳拟合的后代，在几代之后，由于种群的多样性，它可能导致过早收敛。SA 是一种模拟材料物理加工过程中加热和制冷的研究技术，此方法中的每步都尝试以随机变化替换当前状态。新状态被接受的概率取决于相应函数值和全局参数(温度)之间的差异。因此，SA 具有可以得到更理想解决方案的能力。然而，SA 在退火过程中有很高的时间成本。为了提高早熟收敛抗性和获得更合适的目标函数值，有必要从 GA 和 SA 中找到克服这些缺陷的有效途径。与 SA 混合的 GA 算法(GA-SA)是一个创新试验，它利用 SA 达到更优解，利用 GA 的变异过程优化搜索过程。GA-SA 目前已应用于系统设计、网络优化、连续时间生产计划和电力分区问题等领域。此外，由于进化过程容易实现和跳出局部最优解的特殊机制，混沌机制和混沌搜索算法受到广泛关注。混沌序列变量的使用可以有效扩大搜索空间，让变量周期性遍历搜索空间，提高搜索效率。

1.4.2 融合混沌云理论的混合进化算法

为了得到更满意的搜索性能，上述进化算法仍然存在一些不足之处有待改进。对于退火炉，基于退火算法的进化过程，需要在退火过程中进行精细、巧妙的调整，如退火过程中温度分度的大小。特别是每个状态的温度都是离散的、不可变的，这不符合实际物理退火过程中温度连续降低的要求。此外，SA 在高温下容易接受劣化解，很难摆脱低温下局部极小陷阱。为了克服 SA 的这些缺点，我们应用了云理论。云理论是将文字的定性描述与数据的定量展示之间相互转化的方法。它被成功地应用于智能控制、数据挖掘、空间分析、智能算法的改进中。基于 SA 的进化程序，需要对 SA 进行巧妙的调整，如退火中温度分度的大小、温度范围、重新开始和重置搜索方向的数量。退火过程就像是一个模糊系统，其中的分子随着温度的降低从大范围向小范围随机移动。此外，由于采用了蒙特卡洛方案，并且缺乏知识的记忆功能,需耗费大量的时间也是另一个难以回避的问题。笔者试图采用混沌模拟退火算法(CSA)来克服这些缺点。其中,瞬时混沌方案在觅食和自组织过程中产生,然后随着温度的自主下降逐渐消失,伴随着相继分岔收敛达到稳定平衡点。因此,CSA显著改善了蒙特卡洛方案的随机性,控制了收敛过程的分支结构而不是随机的"热"波动,最终形成了获得全局最优解的高效搜索。然而,每个状态的温度都是离散的,不可改变的,这不符合实际物理退火过程中温度连续降低的要求。一些温度退火函数在一般情况下是指数的,温度逐渐在每个退火工序以一个固定值下降,相邻阶段之间的温度变化过程是不连续的。这种现象也出现在使用其他类型的温度更新函数时(如算术、几何或对数函数)。在云理论中,通过引入Y条件常规云发生器到温度的生成过程,可以像"云"一样随机产生一组分布在给定值附近的新值,使每一步的固定温度点变成一个变温区,退火过程中每一步生成的温度都是随机选择的,整个退火过程中的温度变化过程基本是连续的,更符合实际物理退火过程。因此,基于混沌序列和云理论,混沌云模型退火算法(CCSA)可用来取代传统的SA随机"热波动"控制,以提高CSA中连续物理温度退火过程。云理论可以实现词的定性概念与数值表示之间的转换,能够有效避免上述问题。

1.4.3 引入周期性/季节性机制的组合预测模型

除了基于改进进化算法优化模型参数外,将其他模型或者机制与SVR模型进行集成也是非常值得研究的。所谓的集成是把一些前面的过程模型集成到后者,例如混合A和B意味着A的过程有些是由A控制的,有些是由B控制的。另外,所谓的组合模型前者是输出,后者是输入。因此,组合模型的结果将优于单一模型,组合模型用来进一步从数据获取更多的信息。例如,基于RNN的概念,每一个单位都可作为网络的输出,并且在训练的过程中提供调整的信息作为输入,反复性学习机制框架组合成原来的分析模型。对于前馈神经网络,可以在神经网络层内建立连接。这些类型的网络称为RNN,其被广泛应用于时间序列的预测。M. I. Jordan提出了一种用于控制机器人的RNN模型(图1-1)。J. L. Elman开发了一个RNN模型(图1-2)来解决语言问题。R. Williams等提出了一个RNN模型(图1-3)求解非线性自适应滤波、模式识别问题。这3种模型都是由具有隐含层的MLP组成的。M. I. Jordan网络具有一个连接过去值输出层与一个额外的输入层的反馈回路,即"背景层";然后,从文本层输出的值被反馈回隐藏层。J. L. Elman网络有一个从隐藏层到背景层的反馈循环。R. Williams等的网络的隐藏层节点是完全相互连接的。前两个网络都包含了来自输出层或隐藏层的附加信息源,因此这些模型主要利用过去的信息来获取详细信息。后一个网络可从隐藏层获得更多的信息,因此可从隐藏层带回更多的信息到建立的模型中,所以该网络在模型被执行时是非常敏感的。另外,对另一类组合模型,一些数据系列受到每小时、每天、每周、每月或每季的循环性或季节性经济活动的影响,如一个工作日内的每小时高峰,一个商业周内的每周高峰,一个需求计划年内的月高峰。为了更好地处理周期/季节趋势数据序列,在负荷预报过程中,季节性机制也得到了一定的关注。

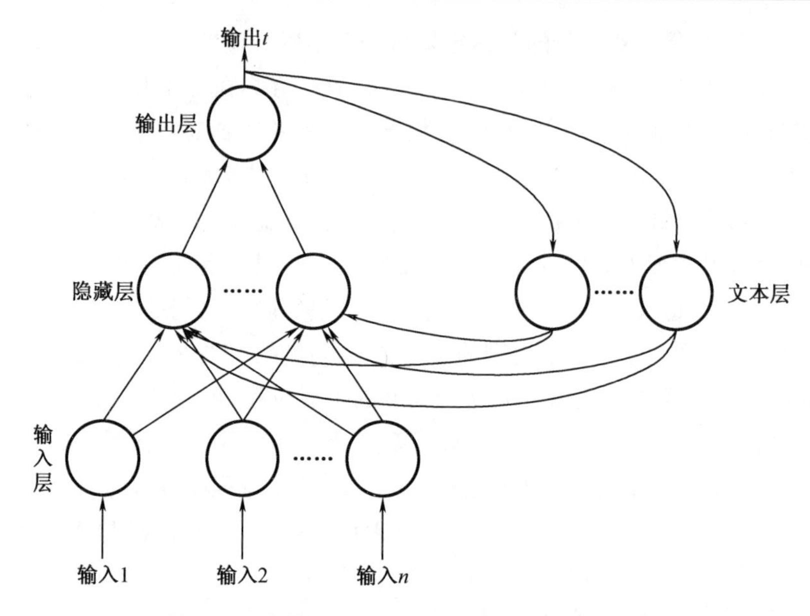

图 1－1　根据 M. I. Jordan 的定义创建的网络图

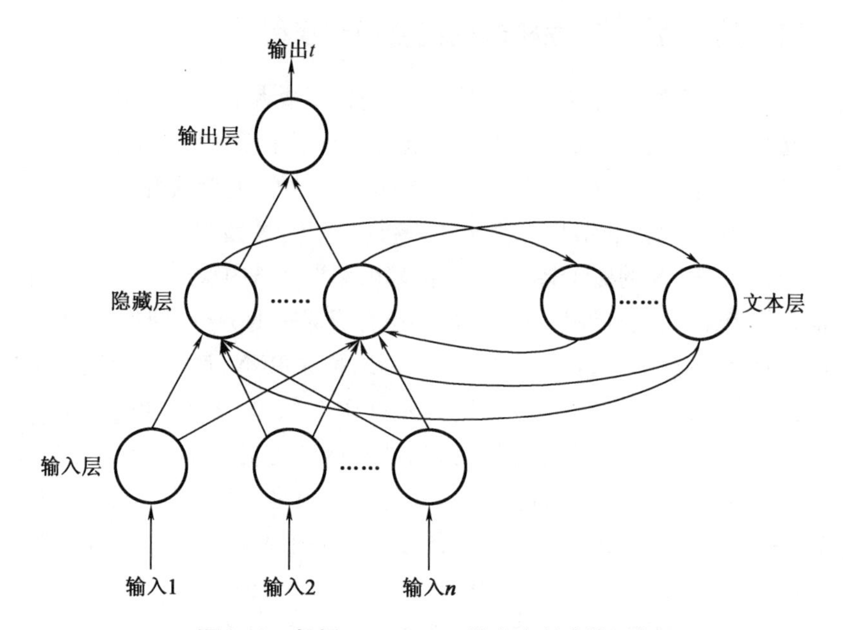

图 1－2　根据 J. L. Elman 的定义创建的网络图

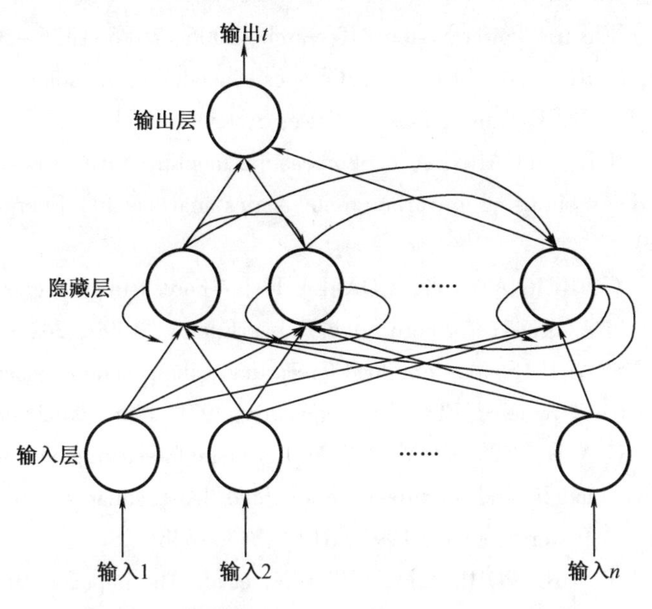

图1-3 根据 R. Williams 等的定义创建的网络图

参考文献

[1] GROSS G, GALIANA F D. Short-term load forecasting[J]. Proc IEEE,1987,75 (12):1558-1573.

[2] RANAWEERA D K, KARADY G G, FARMER R G. Economic impact analysis of load forecasting[J]. IEEE Trans Power Syst,1997, 12(3):1388-1392.

[3] DOUGLAS A P, BREIPOHL A M, LEE F N,et al. Risk due to load forecast uncertainty in short term power system planning[J]. IEEE Trans Power Syst,1998,13(4):1493-1499.

[4] BUNN D H, FARMER E D. Comparative models for electrical load forecasting [J]. International Journal of Forecasting,1986,2(2):131-256.

[5] BUNN D W. Forecasting loads and prices in competitive power markets[J]. Proc IEEE, 2000,88(2):163-169.

[6] AMJADY N, KEYNIA F. Short-term load forecasting of power systems by combination of wavelet transform and neuro-evolutionary algorithm[J]. Energy,2009,34(1):46-57.

[7] BARTHOLOMEW D, BOX G E P, JENKINS G M. Time series analysis: forecasting and control[J]. Journal of the Operational Research Society, 1971, 22(2):199-201.

[8] SAAB S, BADR E, NASR G. Univariate modeling and forecasting of energy consumption: the case of electricity in Lebanon[J]. Energy, 2014, 26(1):1-14.

[9] CHEN J F, WANG W M, HUANG C M. Analysis of an adaptive time-series autoregressive moving-average (ARMA) model for short-term load forecasting[J]. Electric Power Systems Research, 1995, 34(3):187-196.

[10] WANG H, SCHULZ N N. Using AMR data for load estimation for distribution system

analysis[J]. Electric Power Systems Research, 2006, 76(5):336 - 342.

[11] PARK J H, PARK Y M, LEE K Y. Composite modeling for adaptive short - term load forecasting[J]. IEEE Transactions on Power Systems, 1991, 6(2):450 - 457.

[12] ABDELAAL R E, ALGARNI A Z. Forecasting monthly electric energy consumption in eastern Saudi Arabia using univariate time - series analysis[J]. Energy, 2014, 22(22): 1059 - 1069.

[13] CHAVEZ S G, BERNAT J X, COALLA H L. Forecasting of energy production and consumption in Asturias (Northern Spain)[J]. Energy, 1999, 24(3):183 - 198.

[14] CHRISTIAANSE W R. Short - term load forecasting using general exponential smoothing[J]. Power Apparatus & Systems IEEE Transactions on, 1971, PAS - 90(2):900 - 911.

[15] MBAMALU G A N, EL - HAWARY M E. Load forecasting via suboptimal seasonal autoregressive models and iteratively reweighted least squares estimation [J]. IEEE Transactions on Power Systems, 1993, 8(1):343 - 348.

[16] DOUGLAS A P, BREIPOHL A M, LEE F N, et al. The impacts of temperature forecast uncertainty on Bayesian load forecasting[J]. IEEE Transactions on Power Systems, 1998, 13(4):1507 - 1513.

[17] SADOWNIK R, BARBOSA E P. Short - term forecasting of industrial electricity consumption in Brazil[J]. Journal of Forecasting, 1999, 18(3):215 - 224.

[18] AZADEH A, SABERI M, GHADERI S F, et al. Improved estimation of electricity demand function by integration of fuzzy system and data mining approach[J]. Energy Conversion and Management, 2008, 49(8):2165 - 2177.

[19] WANG B, TAI N L, ZHAI H Q, et al. A new ARMAX model based on evolutionary algorithm and particle swarm optimization for short - term load forecasting[J]. Electric Power Systems Research, 2008, 78(10):1679 - 1685.

[20] BROWN R G. Introduction to random signal analysis and Kalman filtering[M]. New York: John Wiley,1983.

[21] GELB A. Applied optimal estimation[J]. Proceedings of the IEEE, 1974, 64(4): 574 - 575.

[22] TRUDNOWSKI D J, MCREYNOLDS W L, JOHNSON J M. Real - time very short - term load prediction for power system automatic generation control[J]. IEEE Transactions on Control Systems Technology, 2001, 9(2):254 - 260.

[23] MOGHRAM I, RAHMAN S. Analysis and evaluation of five short - term load forecasting techniques[J]. IEEE Trans Power Sys, 1989, 4(4):1484 - 1491.

[24] AL - HAMADI H M, SOLIMAN S A. Fuzzy short - term electric load forecasting using Kalman filter[J]. IEE Proceedings - Generation, Transmission and Distribution, 2006, 153(2):217 - 227.

[25] AMJADY N. Short - term bus load forecasting of power systems by a new hybrid method [J]. IEEE Transactions on Power Systems, 2007, 22(1):333 - 341.

[26] ASBURY C E. Weather load model for electric demand energy forecasting[J]. Power Apparatus & Systems IEEE Transactions on, 1975, 94(4):1111 - 1116.

[27] PAPALEXOPOULOS A D. A regression – based approach to short – term load forecasting [J]. IEEE Transactions on Power Systems, 1990, 5(4):1535 – 1547.

[28] ELMAN J L. Finding structure in time[J]. Cognitive Science, 1990, 14(2):179 – 211.

[29] MIRASGEDIS S, SARAFIDIS Y, GEORGOPOULOU E, et al. Models for mid – term electricity demand forecasting incorporating weather influences[J]. Energy, 2006, 31(2):208 – 227.

[30] MOHAMED Z, BODGER P. Forecasting electricity consumption in New Zealand using economic and demographic variables[J]. Energy, 2005, 30(10):1833 – 1843.

[31] HYDE O, HODNETT P F. An adaptable automated procedure for short – term electricity load forecasting[J]. IEEE Transactions on Power Systems, 2002, 12(1):84 – 94.

[32] TSEKOURAS G J, DIALYNAS E N, HATZIARGYRIOU N D, et al. A non – linear multivariable regression model for midterm energy forecasting of power systems [J]. Electric Power Systems Research, 2007, 77(12):1560 – 1568.

[33] ASBER D, LEFEBVRE S, ASBER J, et al. Non – parametric short – term load forecasting [J]. International Journal of Electrical Power and Energy Systems, 2007, 29(8):630 – 635.

[34] RAHMAN S, BHATNAGAR R. An expert system based algorithm for short term load forecast[J]. IEEE Transactions on Power Systems, 1988, 3(2):392 – 399.

[35] RAHMAN S, HAZIM O. A generalized knowledge – based short – term load – forecasting technique[J]. IEEE Transactions on Power Systems, 1993, 8(2):508 – 514.

[36] CHIU C C, KAO L J, COOK D F. Combining a neural network with a rule – based expert system approach for short – term power load forecasting in Taiwan[J]. Expert Systems with Applications, 1997, 13(4):299 – 305.

[37] YING L C, PAN M C. Using adaptive network based fuzzy inference system to forecast regional electricity loads[J]. Energy Conversion and Management, 2008, 49(2):205 – 211.

[38] PAI P F. Hybrid ellipsoidal fuzzy systems in forecasting regional electricity loads[J]. Energy Conversion and Management, 2006, 47(15 – 16):2283 – 2289.

[39] PANDIAN S C, DURAISWAMY K, RAJAN C C A, et al. Fuzzy approach for short term load forecasting[J]. Electric Power Systems Research, 2006, 76(6 – 7):541 – 548.

[40] DEO R, HURVICH C, LU Y. Forecasting realized volatility using a long – memory stochastic volatility model: estimation, prediction and seasonal adjustment[J]. Journal of Econometrics, 2006, 131(1 – 2):29 – 58.

[41] DILLON T S, SESTITO S, LEUNG S. Short term load forecasting using an adaptive neural network[J]. International Journal of Electrical Power and Energy Systems, 1991, 13(4):186 – 192.

[42] SAEED MADANI S. Electric load forecasting using an artificial neural network[J]. IEEE Transactions on Power Systems, 2013, 6(2):442 – 449.

[43] HO K L, HSU Y Y, YANG C C. Short term load forecasting using a multilayer neural network with an adaptive learning algorithm[J]. IEEE Transactions on Power Systems, 1992, 7(1):141 – 149.

[44] NOVAK B. Superfast autoconfiguring artificial neural networks and their application to power systems[J]. Electric Power Systems Research, 1995, 35(1):11 – 16.

[45] DARBELLAY G A, SLAMA M. Forecasting the short – term demand for electricity[J]. International Journal of Forecasting, 2000, 16(1):71 – 83.

[46] ABDEL – AAL R E. Short – term hourly load forecasting using abductive networks[J]. IEEE Transactions on Power Systems, 2004, 19(1):164 – 173.

[47] HSU C C, CHEN C Y. Regional load forecasting in Taiwan – applications of artificial neural networks[J]. Energy Conversion and Management, 2003, 44(12):1941 – 1949.

[48] KANDIL N, RENÉ W, SAAD M, et al. An efficient approach for short term load forecasting using artificial neural networks[J]. International Journal of Electrical Power & Energy Systems, 2006, 28(8):525 – 530.

[49] SAINI L M. Peak load forecasting using Bayesian regularization, resilient and adaptive backpropagation learning based artificial neural networks[J]. Electric Power Systems Research, 2008, 78(7):1302 – 1310.

[50] LAURET P, FOCK E, RANDRIANARIVONY R N, et al. Bayesian neural network approach to short time load forecasting[J]. Energy Conversion and Management, 2008, 49(5):1156 – 1166.

[51] AMIN – NASERI M R, SOROUSH A R. Combined use of unsupervised and supervised learning for daily peak load forecasting[J]. Energy Conversion and Management, 2008, 49(6):1302 – 1308.

[52] OTÁVIO A S C, LEME R C, SOUZA A C Z D, et al. Long – term load forecasting via a hierarchical neural model with time integrators[J]. Electric Power Systems Research, 2007, 77(3 – 4):371 – 378.

[53] CAO J, LIN X. Study of hourly and daily solar irradiation forecast using diagonal recurrent wavelet neural networks[J]. Energy Conversion & Management, 2008, 49(6):1396 – 1406.

[54] TAI N L, JÜRGEN S, WU H X. Techniques of applying wavelet transform into combined model for short – term load forecasting[J]. Electric Power Systems Research, 2006, 76(6 – 7):525 – 533.

[55] EL – TELBANY M, EL – KARMI F. Short – term forecasting of Jordanian electricity demand using particle swarm optimization[J]. Electric Power Systems Research, 2008, 78(3):425 – 433.

[56] GHIASSI M, ZIMBRA D K, SAIDANE H. Medium term system load forecasting with a dynamic artificial neural network model[J]. Electric Power Systems Research, 2006, 76(5):302 – 316.

[57] VAPNIK V. The nature of statistical learning theory[M]. New York :Springer,1995.

[58] CAO L. Support vector machines experts for time series forecasting[J]. Neurocomputing, 2003, 51(1):321 – 339.

[59] CAO L, GU Q. Dynamic support vector machines for non – stationary time series forecasting [J]. Intell Data Anal,2002(6):67 – 83.

[60] TAY F E H, CAO L. Modified support vector machines in financial time series forecasting

[J]. Neurocomputing,2002(48):847-861.

[61] TAY F E H, CAO L. Application of support vector machines in financial time series forecasting[J]. Omega,2001(29):309-317.

[62] HUANG W, NAKAMORI Y, WANG S Y. Forecasting stock market movement direction with support vector machine[J]. Comput Oper Res,2005(32):2513-2522.

[63] HUNG W M, HONG W C. Application of SVR with improved ant colony optimization algorithms in exchange rate forecasting[J]. Control & Cybernetics, 2009, 38(3):863-891.

[64] PAI P F, LIN C S. A hybrid ARIMA and support vector machines model in stock price forecasting[J]. Omega, 2005, 33(6):497-505.

[65] PAI P F, LIN C S, HONG W C, et al. A hybrid support vector machine regression for exchange rate prediction [J]. Social Science Electronic Publishing, 2006, 17(2): 19-32.

[66] PAI P F, LIN C S. Using support vector machines to forecast the production values of the machinery industry in Taiwan [J]. International Journal of Advanced Manufacturing Technology, 2006, 27(1-2):205.

[67] HONG W C, PAI P F. Predicting engine reliability by support vector machines[J]. International Journal of Advanced Manufacturing Technology, 2006, 28(1-2):154-161.

[68] PAI P F, HONG W C. Software reliability forecasting by support vector machines with simulated annealing algorithms[J]. Journal of Systems & Software, 2006, 79(6):747-755.

[69] HONG W C, PAI P F. Potential assessment of the support vector regression technique in rainfall forecasting[J]. Water Resources Management, 2007, 21(2):495-513.

[70] MOHANDES M A, HALAWANI T O, REHMAN S, et al. Support vector machines for wind speed prediction[J]. Renewable Energy, 2004, 29(6):939-947.

[71] HONG W C. A recurrent support vector regression model in rainfall forecasting[J]. Hydrological Processes, 2010, 21(6):819-827.

[72] HONG W C. Rainfall forecasting by technological machine learning models[J]. Applied Mathematics and Computation, 2008, 200(1):41-57.

[73] HONG W C, DONG Y, CHEN L Y, et al. SVR with hybrid chaotic genetic algorithms for tourism demand forecasting [J]. Applied Soft Computing, 2011, 11 (2): 1881-1890.

[74] PAI P F, HONG W C. An improved neural network model in forecasting arrivals[J]. Annals of Tourism Research, 2005, 32(4):1138-1141.

[75] CHEN B J, CHANG M W, LIN C J. Load forecasting using support vector machines: a study on EUNITE competition 2001 [J]. IEEE Transactions on Power Systems, 2004, 19(4): 1821-1830.

[76] HONG W C. Hybrid evolutionary algorithms in a SVR-based electric load forecasting model[J]. International Journal of Electrical Power & Energy Systems, 2009, 31(7-8):409-417.

[77] HONG W C. Chaotic particle swarm optimization algorithm in a support vector regression electric load forecasting model[J]. Energy Conversion and Management, 2009, 50(1): 105 – 117.

[78] HONG W C. Electric load forecasting by support vector model[J]. Applied Mathematical Modelling, 2009, 33(5):2444 – 2454.

[79] HONG W C. Application of chaotic ant swarm optimization in electric load forecasting [J]. Energy Policy, 2010, 38(10):5830 – 5839.

[80] PAI P F, HONG W C. Forecasting regional electricity load based on recurrent support vector machines with genetic algorithms[J]. Electric Power Systems Research, 2005, 74 (3):417 – 425.

[81] PAI P F, HONG W C. Support vector machines with simulated annealing algorithms in electricity load forecasting[J]. Energy Conversion and Management, 2005, 46(17): 2669 – 2688.

[82] CHERKASSKY V, MA Y. Practical selection of SVM parameters and noise estimation for SVM regression[J]. Neural Networks, 2004, 17(1):113 – 126.

[83] ASCE M, SHIEH H J, PERALTA R C. Optimal in situ bioremediation design by hybrid genetic algorithm – simulated annealing[J]. Journal of Water Resources Planning & Management, 2005, 131(1):67 – 78.

[84] ZHAO F, ZENG X. Simulated annealing – genetic algorithm for transit network optimization[J]. Journal of Computing in Civil Engineering, 2006, 20(1):57 – 68.

[85] GANESH K, PUNNIYAMOORTHY M. Optimization of continuous – time production planning using hybrid genetic algorithms – simulated annealing[J]. International Journal of Advanced Manufacturing Technology, 2005, 26(1 – 2):148 – 154.

[86] BERGEY P K, RAGSDALE C T, Hoskote M. A simulated annealing genetic algorithm for the electrical power districting problem[J]. Annals of Operations Research, 2003, 121(1 – 4): 33 – 55.

[87] WANG L, ZHENG D Z, LIN Q S. Survey on chaotic optimization methods[J]. Comput Technol Autom,2001(20):1 – 5.

[88] LIU B, WANG L, JIN Y H, et al. Improved particle swarm optimization combined with chaos[J]. Chaos Soliton Fract, 2005(25):1261 – 1271.

[89] CAI J, MA X, LI L, et al. Chaotic particle swarm optimization for economic dispatch considering the generator constraints[J]. Energ Convers Manage,2007 (48):645 – 653.

[90] LV P, LIN Y, ZHANG J. Cloud theory – based simulated annealing algorithm and application[J]. Eng Appl Artif Intel, 2009 (22):742 – 749.

[91] LI D, MENG H, SHI X. Membership clouds and membership cloud generators[J]. J Comput Res Dev, 1995 (32):15 – 20.

[92] LI D, CHENG D, SHI X, et al. Uncertainty reasoning based on cloud models in controllers [J]. Comput Math Appl, 1998(35):99 – 123.

[93] WANG S L, LI D R, SHI W Z H, et al. Cloud model – based spatial data mining[J]. Geographic Information Sciences, 2003, 9(1 – 2):11.

[94] AZADEH A, GHADERI S F, SOHRABKHANI S. Annual electricity consumption forecasting by neural network in high energy consuming industrial sectors[J]. Energy Conversion and Management, 2008, 49(8):2272-2278.

[95] KECHRIOTIS G, ZERVAS E, MANOLAKOS E S. Using recurrent neural networks for adaptive communication channel equalization [J]. IEEE Transactions on Neural Networks, 1994, 5(2):267-278.

第2章　预测模型及其在能源领域的应用

目前预测方法主要分为3类：第一类是传统方法，包括ARIMA模型、ARMAX模型、SARIMA模型、HW模型、季节性霍尔特温特斯线性指数平滑模型（SHW模型）、状态矢量空间/卡尔曼滤波器模型以及线性回归模型；第二类是人工智能方法，包括知识库专家系统模型（KBES模型）、ANN模型以及模糊推理系统模型；第三类是SVR模型以及与其相关的混合或融合模型。

这些模型是在预测技术发展的基础上进行分类的，从数学关系模型（如基于统计学的模型）发展到人工智能模型（如ANN模型）的应用，最终将统计模型和人工智能模型混合（如SVR模型）。当然，分类方法并不是唯一的，基于技术进化的分类方法并不总是合适的。基于这一分类，有兴趣的读者可以得到启发，从而提出另一种新的模型来获得更准确的电力负载预测。每一种模型在提出时，由于其理论创新与其他模型相比有突出的优势，并且也有其固有的理论局限性，因此每个模型总有通过杂交或融合其他方法进行改进的空间。

本书主要讨论SVR模型、基于混合进化算法的SVR模型，以及计入组合机制的SVR模型的构建等相关问题，同时选取ARIMA、SARIMA、HW、SHW、广义回归神经网络（GRNN）、反向传播神经网络（BPNN）作为对比模型，对其预测性能进行分析。

2.1　几类经典预测模型

2.1.1　ARIMA模型

正如G. E. P. Box等所介绍的，ARIMA模型是最受欢迎的预测方法之一。ARIMA模型由3个部分组成——自回归（AR）、滑动平均（MA）和差分过程（也称为积分过程）。在AR过程中，负荷值通常表示为先前的实际负荷值通过随机噪声构成的线性组合。AR过程的顺序是由最早的电力负载值决定的。在MA过程中，它表示一个白噪声误差序列的线性组合对先前（未观测）白噪声的误差项。MA过程的顺序由最早的先前值确定。AR和MA过程结合起来成为著名的电力负载预测模型（即ARMA模型）过程。

AR、MA或ARMA模型通常被视为平稳过程，即它们的平均值和协方差在时间上是固定的。因此，虽然这个过程是非平稳的，但在进行建模之前，它必然会转化为平稳序列。采用差分处理将非平稳序列转换为平稳序列。差异化进程的顺序是由达到平稳之前差异化的次数决定的。AR、MA或ARMA模型的差分过程也称为积分过程，分别命名为ARI、IMA和ARIMA。

在ARIMA模型中，一个变量的将来值应该是过去值和过去误差的线性组合，可表示为

$$y_t = \theta_0 + \varphi_1 y_{t-1} + \varphi_2 y_{t-2} + \cdots + \varphi_p y_{t-p} + \varepsilon_t - \theta_1 \varepsilon_{t-1} - \theta_2 \varepsilon_{t-2} - \cdots - \theta_q \varepsilon_{t-q} \tag{2-1}$$

式中　y_t——实际值；

ε_t——t 时刻的随机误差；

φ、θ——系数；

p、q——通常分别称为自回归和滑动平均多项式。

另外，用差值(∇)来解决非平稳问题，定义为

$$\nabla^d y_t = \nabla^{d-1} y_t - \nabla^{d-1} y_{t-1} \tag{2-2}$$

基本上，ARIMA 模型包括 3 个阶段，即模型识别、参数估计和诊断检查。后移算子 B 定义为

$$B^1 y_t = y_{t-1}, B^2 y_t = y_{t-2}, \cdots, B^p y_t = y_{t-p} \tag{2-3}$$

$$B^1 \varepsilon_t = \varepsilon_{t-1}, B^2 \varepsilon_t = \varepsilon_{t-2}, \cdots, B^p \varepsilon_t = \varepsilon_{t-p} \tag{2-4}$$

那么，$\varphi_p(B)$ 和 $\theta_q(B)$ 可以分别写成

$$\varphi_p(B) = 1 - \varphi_1 B^1 - \varphi_2 B^2 - \cdots - \varphi_p B^p \tag{2-5}$$

$$\theta_1(B) = 1 - \theta_1 B^1 - \theta_2 B^2 - \cdots - \theta_q B^q \tag{2-6}$$

因此，式(2-1)可以写为

$$\varphi_p(B) \nabla^d y_t = C_0 + \theta_q(B) \varepsilon_t \tag{2-7}$$

式(2-7)表示带有非零常数 C_0 的 ARIMA(p,d,q)。例如，ARIMA(2,2,1)模型可以表示为

$$\varphi_2(B) \nabla^2 y_t = C_0 + \theta_1(B) \varepsilon_t \tag{2-8}$$

一般来说，p、d、q 的值需要通过差分序列的自相关函数(ACF)和部分自相关函数(PACF)进行估计。

2.1.2　SARIMA 模型

对于电力负荷的时间序列，在 ARIMA 建模过程中应当将季节性或者循环性的因素考虑在内。这一过程便是经典的季节性过程，其缩写为 SARIMA。SARIMA 过程通常被称为 SARIMA$(p,d,q)(P,D,Q)_s$ 模型。与 ARIMA 模型相似，预测值被假设为过去值和过去误差的线性组合。如果 d 和 D 是非负整数，并且差分序列 $W_t = (1-B)^d (1-B^S)^D X_t$ 是一个平稳的自回归滑动平均过程，则时间序列 $\{X_t\}$ 是一个季节周期长度为 S 的 SARIMA 过程。此时，模型可以写成

$$\varphi_p(B) \Phi_P(B^S) W_t = \theta_q(B) \Theta_Q(B^S) \varepsilon_t \quad (t = 1, 2, \cdots, N) \tag{2-9}$$

式中　N——直到时间 t 的观测数；

B——由 $B^a W_t = W_{t-a}$ 定义的后移运算符；

$\varphi_p(B)$——p 阶的正则(非季节性)自回归算子，$\varphi_p(B) = 1 - \varphi_1 B - \cdots - \varphi_p B^p$；

$\Phi_P(B^S)$——P 阶的季节性自回归算子，$\Phi_P(B^S) = 1 - \Phi_1 B^S - \cdots - \Phi_P B^{PS}$；

$\theta_q(B)$——q 阶的正则滑动平均算子，$\theta_q(B) = 1 - \theta_1 - \cdots - \theta_q B^q$；

$\Theta_Q(B^S)$——Q 阶的季节性滑动平均算子，$\Theta_Q(B^S) = 1 - \Theta_1 B^S - \cdots - \Theta_Q B^{QS}$；

ε_t——独立同分布的，均值为零、方差为 σ^2、$\mathrm{cov}(\varepsilon_t, \varepsilon_{t-k}) = 0$、$\forall k \neq 0$ 的正态随机变量。

在上面的定义中，参数 p 和 q 分别表示自回归和滑动平均阶数；参数 P 和 Q 分别代表模型季节周期长度 S 的自回归和滑动平均阶数；参数 d 和 D 分别表示普通和季节差分的

阶数。

一般地，在 SARIMA 模型构建过程中，首要的任务是估计 d 和 D 的值，需要通过差分使序列保持平稳并消除大部分季节性序列。那么 p、P、q、Q 的值就需要通过差分序列的 ACF 和 PACF 进行估计；其他模型参数可以通过适当的迭代程序来估计。

2.1.3　HW 模型

HW 模型是由霍尔特和温特斯提出的，它是指数加权滑动平均过程的扩展。指数加权滑动平均方法根据过去的观测值预测将来值，并将更多的权重放在最近的观测值上。HW 模型使用两个平滑系数（值介于 0 和 1 之间）分别平滑趋势值，并在预测中包含明确的线性趋势。HW 方法如方程(2 - 10) ~ 方程(2 - 12)所示。

$$s_t = \alpha a_t + (1 - \alpha)(s_{t-1} + b_{t-1}) \tag{2-10}$$

$$b_t = \beta(s_t - s_{t-1}) + (1 - \beta) b_{t-1} \tag{2-11}$$

$$f_t = s_t + i b_t \tag{2-12}$$

式中　a_t——时间 t 的实际值；

s_t——t 时刻的平滑估计；

b_t——t 时刻的趋势值；

α——水平平滑系数；

β——趋势平滑系数；

f_t——时段 t 的预测(拟合)值；

i——将要预测的期数。

式(2 - 10)通过对当前水平(α)进行加权，用递归的方法平滑实际值，然后通过将其与上一个平滑值 s_{t-1} 相加，直接调整上一时期的趋势值 b_{t-1}，从而得到 s_t 的值。这有助于消除滞后并使当前数据值的近似基数达到 s_t。式(2 - 11)体现了最后两个平滑值之间的差异，此式通过上一时期($s_t - s_{t-1}$)中的 β 来修改平滑的趋势，将之前趋势的估计值与($1 - \beta$)相乘并将其与前值相加。式(2 - 12)用于预测将来趋势，用趋势 b_t 乘以将要预测的期数 i，并且加上基础值 s_t。

预测误差(e_t)被定义为实际值减去时间段 t 的预测(拟合)值，即

$$e_t = a_t - f_t \tag{2-13}$$

预测误差被假定为具有零均值和常数方差的独立随机变量。确定平滑系数 α 和 β 的值，从而最小化预测误差指数。

2.1.4　SHW 模型

为了考虑季节性影响，提出了 SHW 方法。如果季节性模式的幅度随时间变化，季节性效应的大小不会随着季节性序列或季节性的变化而变化，那么 HW 模型不能进一步适应附加的季节性。因此，SHW 模型的预测结果如式(2 - 14) ~ 式(2 - 17)所示。

$$s_t = \alpha \frac{a_t}{I_{t-L}} + (1 - \alpha)(s_{t-1} + b_{t-1}) \tag{2-14}$$

$$b_t = \beta(s_t - s_{t-1}) + (1 - \beta) b_{t-1} \tag{2-15}$$

$$I_t = \gamma \frac{a_t}{s_t} + (1 - \gamma) I_{t-L} \tag{2-16}$$

$$f_t = (s_t + ib_t) I_{t-L+i} \tag{2-17}$$

式中　L——季节性的长度；

I——季节性调整因素；

γ——季节性调整系数。

式(2－14)与式(2－15)存在些许不同,式(2－14)中第一项除以季节数 I_{t-L},这样做是为了延长 a_t 的使用期(消除 a_t 的季节性波动)。式(2－16)可比作一个季节性指数,它被看作序列当前值 a_t 除以该系列的平滑值 s_t 的比率。如果 a_t 大于 s_t,则比率将大于1;否则,比率将小于1。为了平滑 a_t 的随机性,式(2－17)将 γ 作为最新计算得到的季节性因子的权重,将 $(1-\gamma)$ 作为与其同一季节对应的最新季节数的权重。

2.1.5　GRNN 模型

由 D. A. Specht 提出的 GRNN 模型可以从历史数据中逼近任意函数。GRNN 进化的基础是核回归理论。GRNN 模型的过程可以等效地表示为

$$E[N|\boldsymbol{M}] = \frac{\int_{-\infty}^{\infty} N f(\boldsymbol{M}, N)\,\mathrm{d}N}{\int_{-\infty}^{\infty} f(\boldsymbol{M}, N)\,\mathrm{d}N} \tag{2-18}$$

式中　N——GRNN 的预测值;

$\boldsymbol{M}$——由 n 个变量 $(M_1, M_2, \cdots, M_n)$ 组成的输入向量;

$E[N|\boldsymbol{M}]$——给定输入向量 $\boldsymbol{M}$ 的输出 N 的期望值, $f(\boldsymbol{M}, N)$ 是 $\boldsymbol{M}$ 和 N 的联合概率密度函数。

GRNN 模型主要有4层(图2－1)。当执行非线性回归函数时,每一层被赋予一个特定的计算函数。关系网的第一层是接收信息,输入神经元,然后将数据反馈到第二层;第二层的主要任务是记住输入神经元与其正确响应之间的关系,因此第二层神经元也被称为模式神经元。方程(2－19)中给出了 θ_i 的多元高斯函数,典型模式神经元 i 利用来自输入神经元中的数据计算输出量 θ_i,即

$$\theta_i = \exp\left[\frac{-(\boldsymbol{M}-\boldsymbol{U}_i)'(\boldsymbol{M}-\boldsymbol{U}_i)}{2\sigma^2}\right] \tag{2-19}$$

式中　$\boldsymbol{U}_i$——由模式神经元 i 表示的特定训练向量;

σ——平滑参数。

在第三层关系网中,神经元(即求和神经元)接收模式神经元的输出。此时,来自所有模式神经元的输出将会被增强。在第三层的神经元中进行两个求和,即简单求和和加权求和。简单求和和加权求和的进化可以分别表示为方程(2－20)和方程(2－21)。

$$S_s = \sum_i \theta_i \tag{2-20}$$

$$S_w = \sum_i w_i \theta_i \tag{2-21}$$

式中　w_i——连接到第三层的模式神经元 i 的权重。

第三层的神经元的总和被输入到第四层。GRNN 回归输出 Q,按照式(2－22)计算有

$$Q = \frac{S_s}{S_w} \tag{2-22}$$

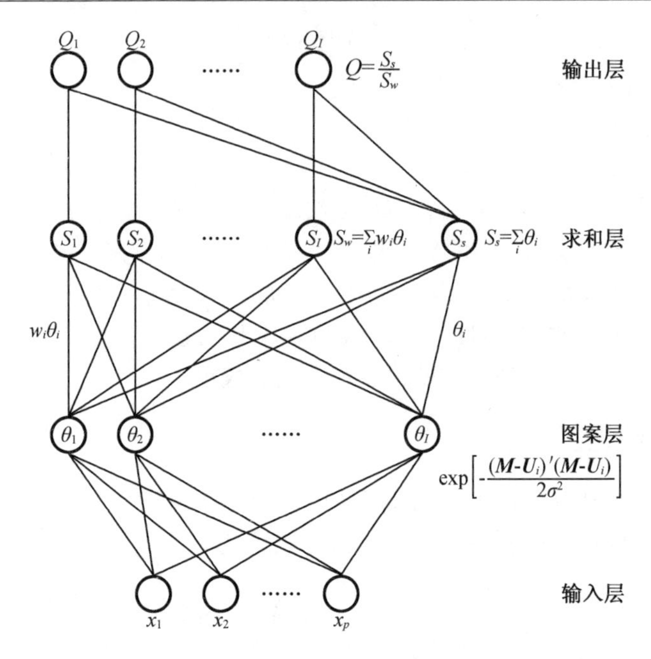

图 2 -1　GRNN 模型构架

2.1.6　BPNN 模型

BPNN 模型是最广泛使用的神经网络模型之一。考虑最简单的 BPNN 体系结构(图 2 -2),包括 3 层:输入层(x)、输出层(o)和隐藏层(h)。这个网络的计算过程为

$$o_i = f\left(\sum_j g_{ij} x_{ij}\right) \tag{2-23}$$

式中　o_i——节点 i 的输出;

$f(\ )$——激活函数;

g_{ij}——下层节点 i 和 j 之间的连接权值,可以用 v_{ji} 和 w_{kj} 替换;

x_{ij}——来自下层节点 j 的输入信号。

BPNN 算法通过改变梯度权重来减少总误差,从而提高神经网络的性能。BPNN 算法最小化误差平方和可以通过公式(2 -24)计算,即

$$E = \frac{1}{2}\sum_{p=1}^{P}\sum_{j=1}^{K}(d_{pj} - o_{pj})^2 \tag{2-24}$$

式中　E——平方误差;

K——输出层神经元;

P——训练数据模式;

d_{pj}——实际输出;

o_{pj}——网络输出。

BPNN 算法表示如下:令 Δv_{jt} 表示任何隐藏层神经元的权重变化,Δw_{kj} 表示任何输出层神经元的权重变化,如式(2 -25)和式(2 -26)所示。

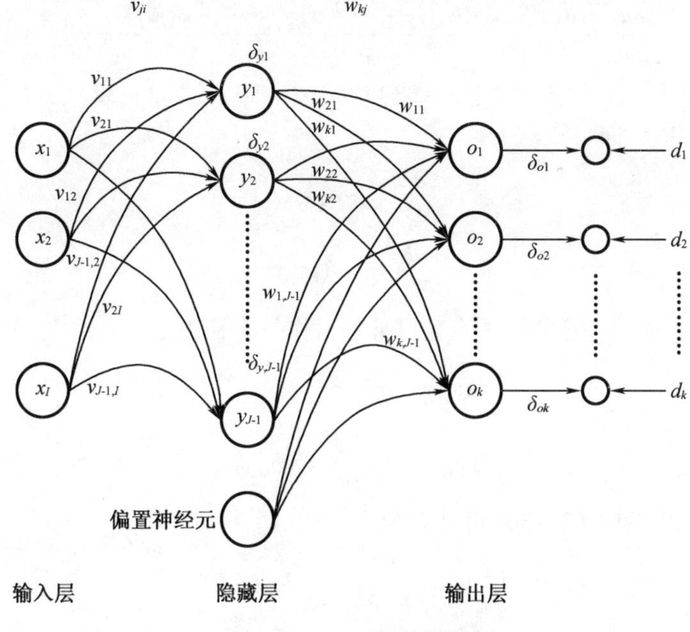

图 2 - 2　BPNN 模型构架

$$\Delta v_{ji} = -\eta \frac{\partial E}{\partial v_{ji}} \quad (i=1,\cdots,I;j=1,\cdots,J-1) \tag{2-25}$$

$$\Delta w_{kj} = -\eta \frac{\partial E}{\partial w_{kj}} \quad (j=1,\cdots,J-1;k=1,\cdots,K) \tag{2-26}$$

其中,η 代表学习速率参数。值得注意的是,图 2 - 2 中的第 J 个节点是没有权重的偏置神经元。式(2 - 27)和式(2 - 28)表示每个隐藏层神经元的信号(s_j)和输出层中每个神经元的信号(u_k),即

$$s_j = \sum_{i=1}^{I} v_{ji}x_i \tag{2-27}$$

$$u_k = \sum_{j=1}^{J-1} w_{kj}y_j \tag{2-28}$$

第 j 个隐藏神经元 δ_{yj} 和第 k 个输出神经元 δ_{ok} 的误差信号项分别定义为

$$\delta_{yj} = -\frac{\partial E}{\partial s_j} \tag{2-29}$$

$$\delta_{ok} = -\frac{\partial E}{\partial u_k} \tag{2-30}$$

应用链式规则,成本函数的权重 v_{ji} 和 w_{kj} 的梯度是

$$\frac{\partial E}{\partial v_{ji}} = \frac{\partial E}{\partial s_j}\frac{\partial s_j}{\partial v_{ji}} \tag{2-31}$$

$$\frac{\partial E}{\partial w_{kj}} = \frac{\partial E}{\partial u_k}\frac{\partial u_k}{\partial w_{kj}} \tag{2-32}$$

以及

$$\frac{\partial s_j}{\partial v_{ji}} = \frac{\partial(v_{j1}x_1 + v_{j2}x_2 + \cdots + v_{ji}x_i + \cdots + v_{jI}x_I)}{\partial v_{ji}} = x_i \tag{2-33}$$

$$\frac{\partial u_k}{\partial w_{kj}}=\frac{\partial(w_{k1}y_1+w_{k2}y_2+\cdots+w_{kj}y_j+\cdots+w_{kJ}y_J)}{\partial w_{kj}}=y_j \tag{2-34}$$

结合式(2-29)、式(2-31)、式(2-33)和式(2-30)、式(2-32)、式(2-34),得到式(2-35)和式(2-36),即

$$\frac{\partial E}{\partial v_{ji}}=-\delta_{yj}x_i \tag{2-35}$$

$$\frac{\partial E}{\partial w_{kj}}=-\delta_{ok}y_j \tag{2-36}$$

式(2-25)和式(2-26)的权重变化可分别写作

$$\Delta v_{ji}=-\eta\frac{\partial E}{\partial v_{ji}}=\eta\delta_{yj}x_i \tag{2-37}$$

$$\Delta w_{kj}=-\eta\frac{\partial E}{\partial e_{kj}}=\eta\delta_{ok}y_j \tag{2-38}$$

同时,式(2-29)和式(2-30)可计算为

$$\delta_{ok}=-\frac{\partial E}{\partial u_k}=-\frac{\partial E}{\partial o_k}\frac{\partial o_k}{\partial u_k}=(d_k-o_k)f'(u_k) \tag{2-39}$$

$$\delta_{yj}=-\frac{\partial E}{\partial s_j}=-\frac{\partial E}{\partial y_j}\frac{\partial y_j}{\partial s_j}=\left\{\sum_{k=1}^{K}o_k\cdot w_{kj}\right\}\cdot f_j'(u_j) \tag{2-40}$$

v_{ji}和w_{kj}的权重变化为

$$w_{kj}=w_{kj}+\Delta w_{kj}=w_{kj}+\eta\delta_{ok}y_j \tag{2-41}$$

$$v_{ji}=v_{ji}+\Delta v_{ji}=v_{ji}+\eta f_j'(u_j)x_i\sum_{k=1}^{K}\delta_{ok}w_{kj} \tag{2-42}$$

在训练周期开始时指定常数项η,并确定网络的训练速度和稳定性。最常见的激活函数是挤压S形函数,如逻辑和切线双曲函数。

2.2 支持向量机回归模型

2.2.1 结构风险最小化(SRM)

人工智能方法往往是基于查找功能来映射训练错误而不是训练集,如经验风险最小化(ERM)。但是,ERM并不能保证对新的测试数据集进行良好的概括。为了将类与表面(超平面)分离,最大化训练数据集之间的界限,SVM使用SRM原则,其目的是最小化泛化误差的约束,而不是最小化训练数据集上的均方误差。SRM提供了一种定义良好的定量度量,以满足学习函数捕获数据分布的真实结构和对未知的测试数据集进行通用化的能力。Vaplink - Chervonenkis(VC)维通过选择一个函数并且将其经验误差最小化为一个训练数据集,SRM可以保证测试数据集的最小限度。

给定N个元素$\{(\boldsymbol{x}_i,y_i),\ i=1,2,\cdots,N\}$的训练数据集,其中$\boldsymbol{x}_i$是$n$维空间中的第$i$个元素,即$\boldsymbol{x}_i=[x_{1i},\cdots,x_{ni}]\in\mathbf{R}^n$,$y_i\in\{-1,+1\}$是$\boldsymbol{x}_i$的标签。然后根据相同但未知的概率分布($P(\boldsymbol{x},y)$)为给定的输入数据$\boldsymbol{x}$和可调整的权重$\boldsymbol{w}$($\boldsymbol{w}\in\mathbf{R}^n$)定义确定性函数$f:\boldsymbol{x}\to\{-1,+1\}$。权重$\boldsymbol{w}$将在训练阶段进行调整。由于潜在概率分布$P(\boldsymbol{x},y)$是未知的,所以测

试数据集上的分类错误概率的上界(即 f 的预期误差 $R(f)$)不能被直接最小化。因此,基于训练数据对$(\boldsymbol{x},y)$估计 $R(f)$ 的近似函数(即经验风险,表示为 $R_{\mathrm{emp}}(f)$)接近最优值是可行的。根据 SRM 原理,$R(f)$ 和 $R_{\mathrm{emp}}(f)$ 分别表示为

$$R(f) \leqslant R_{\mathrm{emp}}(f) + \varepsilon_1(N,h,\eta,R_{\mathrm{emp}}) \tag{2-43}$$

$$R_{\mathrm{emp}}(f) = \frac{1}{N}\sum_{i=1}^{N} |y_i - f(\boldsymbol{x}_i)|_{\text{loss function}} \tag{2-44}$$

$$\varepsilon_1(N,h,\eta,R_{\mathrm{emp}}) = 2\varepsilon_0^2(N,h,\eta)\left(1+\sqrt{1+\frac{R_{\mathrm{emp}}(f)}{\varepsilon_0^2(N,h,\eta)}}\right) \tag{2-45}$$

$$\varepsilon_0(N,h,\eta) = \sqrt{\frac{h\left[\ln\left(\frac{2N}{h}\right)+1\right]-\ln\left(\frac{\eta}{4}\right)}{N}} \tag{2-46}$$

式(2-43)对于 $0 \leqslant \eta \leqslant 1$ 以概率 $1-\eta$ 成立。$\varepsilon_0(N,h,\eta)$ 是所谓的 VC 置信区间。$\varepsilon_0(N,h,\eta)$ 的值取决于训练数据 N 的数量、VC 维 h 和 η 的值。

例如,对于一个小的经验风险 $R_{\mathrm{emp}}(f)$ 接近于 0 后,则式(2-43)会减少到 $R_{\mathrm{emp}}(f)+4\varepsilon_0^2(N,h,\eta)$;相反,如果一个大的经验风险接近于 1,式(2-43)将近似降低到 $R_{\mathrm{emp}}(f)+\varepsilon_0(N,h,\eta)$。

因此,有两种策略来最小化 $R(f)$ 的上界。第一种是保持 VC 置信度($\varepsilon_0(N,h,\eta)$)固定并使经验风险最小化,大多数 ANN 模型使用这一策略。但是,这一策略并不十分适用,因为单独处理 $R_{\mathrm{emp}}(f)$ 并不能保证减少 VC 置信界限。第二种是将经验风险降到一个较小的值,最小化 VC 置信界限,这就是所谓的 SRM 原则。虽然 SVM 实现了这一原则,但其旨在最小化 VC 维的训练算法仍然基于依赖于数据的层次结构。

2.2.2　支持向量机回归

如上所述,SVM 最初被用于分类,但其原理可以很容易地扩展到回归和时间序列预测领域。SVM 用于回归时的思路如下:定义非线性映射 $\varphi(\cdot):\mathbf{R}^n \to \mathbf{R}^{n_h}$,将输入数据(训练数据集)$\{(\boldsymbol{x}_i,y_i)\}_{i=1}^N$ 映射到高维特征空间(图 2-3),具有无限维度 $\mathbf{R}^{n_h}$。那么,在高维特征空间中,理论上存在一个线性函数 f,从而形成输入数据和输出数据之间的非线性关系(图 2-4(a)和(b))。这样的一个线性函数,即 SVR 函数,就是式(2-47)

$$f(\boldsymbol{x}) = \boldsymbol{w}^{\mathrm{T}}\varphi(\boldsymbol{x}) + b \tag{2-47}$$

其中,$f(x)$ 表示预测值;系数 $\boldsymbol{w}(\boldsymbol{w}\in\mathbf{R}^{n_h})$ 和 $b(b\in\mathbf{R})$ 是可调整的。

如上所述,SVM 的方法之一是将经验风险最小化为式(2-48)

$$R_{\mathrm{emp}}(f) = \frac{1}{N}\sum_{i=1}^{N}\Theta_\varepsilon(y_i,\boldsymbol{w}^{\mathrm{T}}\varphi(\boldsymbol{x}_i)+b) \tag{2-48}$$

其中,$\Theta_\varepsilon(\boldsymbol{y},f(\boldsymbol{x}))$ 是 ε 不敏感的损失函数(如图 2-4(c)粗线所示),定义为式(2-49)

$$\Theta_\varepsilon(\boldsymbol{y},f(\boldsymbol{x})) = \begin{cases} |f(\boldsymbol{x})-\boldsymbol{y}|-\varepsilon & |f(\boldsymbol{x})-\boldsymbol{y}|\geqslant\varepsilon \\ 0 & \text{其他} \end{cases} \tag{2-49}$$

另外,$\Theta_\varepsilon(\boldsymbol{y},f(\boldsymbol{x}))$ 用来在高维特征空间(图 2-4(b))上找出一个最优超平面来最大化训练数据两个子集间的距离。因此,SVR 的重点是寻找最优的超平面,并尽量减少训练数据与 ε 不敏感损失函数之间的训练误差。

然后,SVR 最小化整体误差,如式(2-50)所示

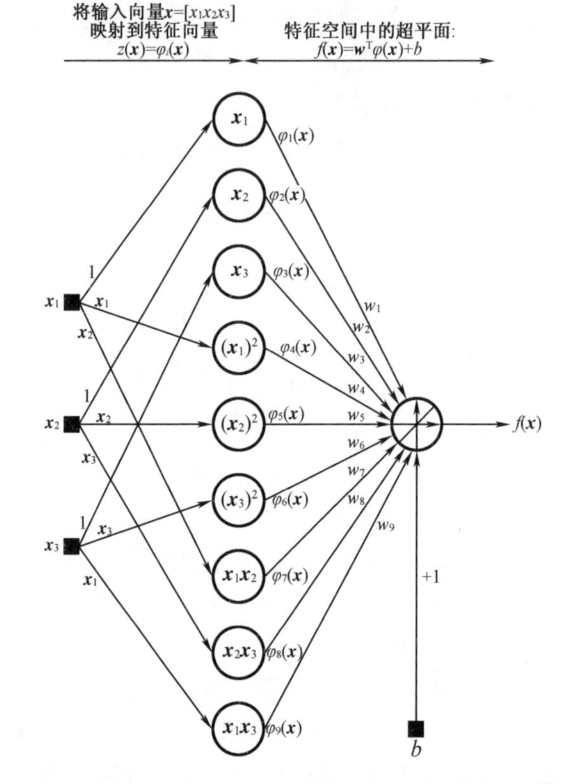

图 2-3　SVR 模型中二维多项式超平面在三维原始空间上的变换

$$\underset{w,b,\xi^*,\xi}{\mathrm{Min}}\ R_\varepsilon(\boldsymbol{w},\xi^*,\xi) = \frac{1}{2}\boldsymbol{w}^{\mathrm{T}}\boldsymbol{w} + C\sum_{i=1}^{N}(\xi_i^* + \xi_i) \tag{2-50}$$

约束条件为

$$\begin{aligned}
&\boldsymbol{y}_i - \boldsymbol{w}^{\mathrm{T}}\varphi(\boldsymbol{w}_i) - b \leqslant \varepsilon + \xi_i^* && i=1,2,\cdots,N\\
&-\boldsymbol{y}_i + \boldsymbol{w}^{\mathrm{T}}\varphi(\boldsymbol{x}_i) + b \leqslant \varepsilon + \xi_i && i=1,2,\cdots,N\\
&\xi_i^* \geqslant 0 && i=1,2,\cdots,N\\
&\xi_i \geqslant 0 && i=1,2,\cdots,N
\end{aligned}$$

式(2-50)的第一项采用了最大化两种离散训练数据间距的概念,用于调整权重大小,对大权重进行惩罚,并保持回归函数的平整度;第二项通过使用 ε 不敏感损失函数惩罚 $f(\boldsymbol{x})$ 和 $\boldsymbol{y}$ 的训练误差;C 是一个交换这两个术语的参数;$+\varepsilon$ 以上的训练误差表示为 ξ_i^*,而 $-\varepsilon$ 以下的训练误差表示为 ξ_i(图 2-4(b))。

求解不等式约束的二次优化问题后,得到参数矢量 $\boldsymbol{w}$ 计算公式

$$\boldsymbol{w} = \sum_{i=1}^{N}(\beta_i^* - \beta_i)\varphi(\boldsymbol{x}_i) \tag{2-51}$$

其中,β_i^*、β_i 是通过求解二次规划得到的,并且是拉格朗日乘数。最后,在对偶空间中,SVR 回归函数为

$$f(\boldsymbol{x}) = \sum_{i=1}^{N}(\beta_i^* - \beta_i)K(\boldsymbol{x}_i,\boldsymbol{x}) + b \tag{2-52}$$

其中,$K(\boldsymbol{x}_i,\boldsymbol{x}_j)$ 称为核函数,核的值分别等于特征空间 $\varphi(\boldsymbol{x}_i)$ 和 $\varphi(\boldsymbol{x}_j)$ 中两个向量 $\boldsymbol{x}_i$ 和 $\boldsymbol{x}_j$ 的内

积,即 $K(\boldsymbol{x}_i,\boldsymbol{x}_j)=\varphi(\boldsymbol{x}_i)\cdot\varphi(\boldsymbol{x}_j)$。任何满足 Mercer 条件的函数都可以用作核函数。

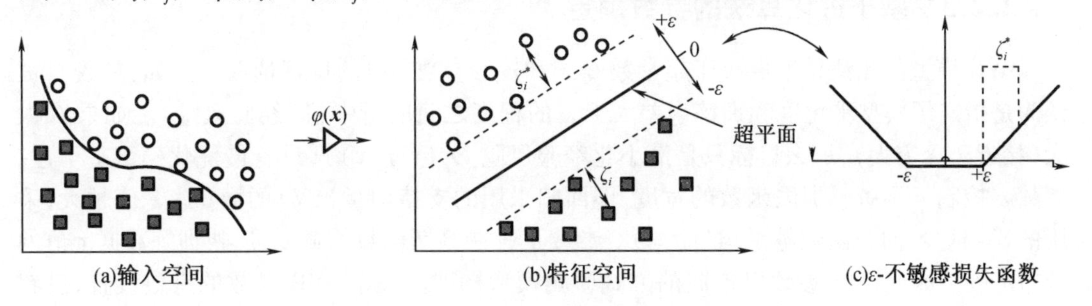

图 2-4　SVR 模型的转化过程说明

最常用的核函数是宽度为 σ 的高斯 RBF 核函数:$K(\boldsymbol{x}_i,\boldsymbol{x}_j)=\exp\left(-0.5\dfrac{\|\boldsymbol{x}_i-\boldsymbol{x}_j\|^2}{\sigma^2}\right)$;具有阶数 d 和常数 a_1、a_2 的多项式核函数:$K(\boldsymbol{x}_i,\boldsymbol{x}_j)=(a_1\boldsymbol{x}_i\boldsymbol{x}_j+a_2)^d$,$K(\boldsymbol{x}_i,\boldsymbol{x}_j)=\tanh(\boldsymbol{x}_i^{\mathrm{T}}\boldsymbol{x}_j-b)$,其中 b 是常数。如果 σ 的值非常大,则 RBF 核函数近似使用线性核函数(阶数为 1 的多项式)。到目前为止,很难确定具体数据模式的核函数类型。然而,根据 A. J. Smola 等的实证结果,认为高斯 RBF 核函数不仅更容易实现,而且能够非线性地将训练数据映射到无限维空间,因此它适合处理非线性关系问题。故本书指定了高斯 RBF 核函数。SVR 模型的预测过程如图 2-5 所示。

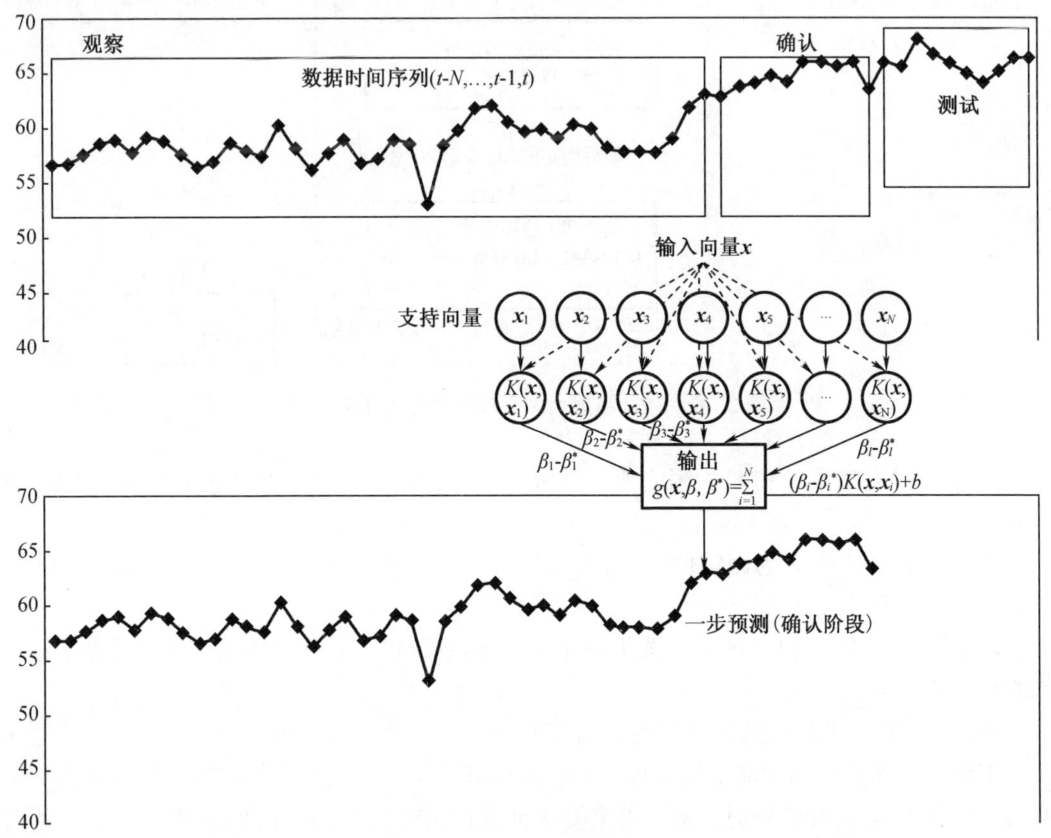

图 2-5　SVR 模型的预测过程

2.2.3 基于进化算法的参数确定

SVR 模型的预测精度取决于超参数 C、ε 和核心参数(σ)的良好选取。例如，参数 C 被认为是指定了模型平坦度和训练误差大于 ε 的程度之间的折中(即经验风险)。如果 C 太大(接近于无穷大)，那么目标只是最小化经验风险 $\Theta_{\varepsilon}(\boldsymbol{y},f(\boldsymbol{x}))$，没有最优化模型平坦性。参数 ε 控制 ε 不敏感损失函数的宽度，即回归采用的支持向量(SV)的数量。ε 值越大，采用的 SV 越少，回归函数越平坦(简单)。参数 σ 控制高斯函数的宽度，反映训练数据 $\boldsymbol{x}$ 值的分布范围。因此，3 个参数以不同的方式影响模型构建。关于 SVR 参数的有效设置，没有统一的方法。文献中的许多出版物已经就适当设置 SVR 参数给出了一些建议，但是这些方法并没有同时考虑 3 个参数之间的相互作用。因此，这 3 个参数的确定是一个非常有意义的研究课题。

一般情况下，3 个参数的合适值的传统确定步骤如图 2－6 所示。

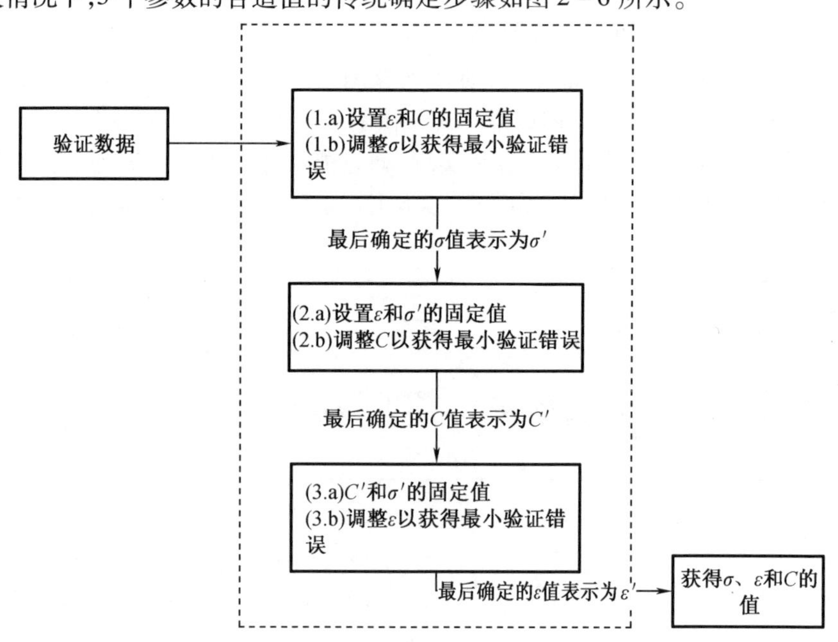

图 2－6 SVR 模型中 3 个参数的传统确定过程

步骤 1：设定参数 ε 和 C 为固定值。然后调整 σ 的值直到达到最小测试误差。最终的 σ 值被表示为 σ'。

步骤 2：设定参数 ε 为固定值，σ 的值设为 σ'。然后调整 C 的值以获得最小的测试误差。最终的 C 被定义为 C'。

步骤 3：将参数 σ 和 C 的值设置为 σ' 和 C'。然后调整 ε 直到获得最小测试误差。ε 的最终值确定为 ε'。

因此，参数 σ、ε 和 C 的值分别为 σ'、ε' 和 C'。

下面用一些数值算例演示说明传统的确定步骤。第一个例子，请参考图 2－7 ~ 图 2－9。首先，将参数 σ 和 C 分别设置为固定值 0.50 和 50，然后调整 ε 的值直到获得最小测试误差。如图 2－7 所示，当 $\varepsilon=0.27$ 时，最小测试误差只存在唯一局部极小值(0.008 049)。因此，设置参数 ε 的最终值为 0.27。其次，分别设置参数 $\varepsilon=0.27$，$C=50$。如图 2－8 所示，

当 $\sigma=0.45$ 时,最小测试误差只存在唯一局部极小值(0.007 584)。最后,确定第三个参数,设置参数 $\sigma=0.45,\varepsilon=0.27$。如图2-9所示,当 $C=60$ 时,最小测试误差只存在唯一局部极小值(0.006 446)。因此,3个参数设置如下:$\sigma=0.45,C=60,\varepsilon=0.27$。

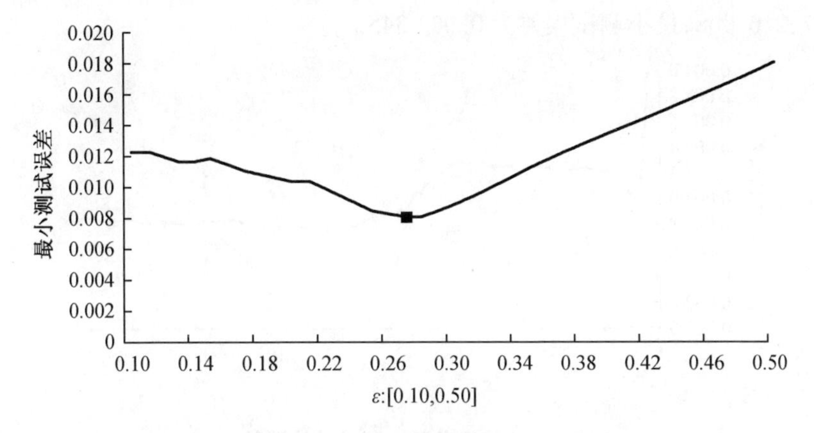

图2-7　确定参数 σ 和 C 的值调整 ε($C=50,\sigma=0.50$)

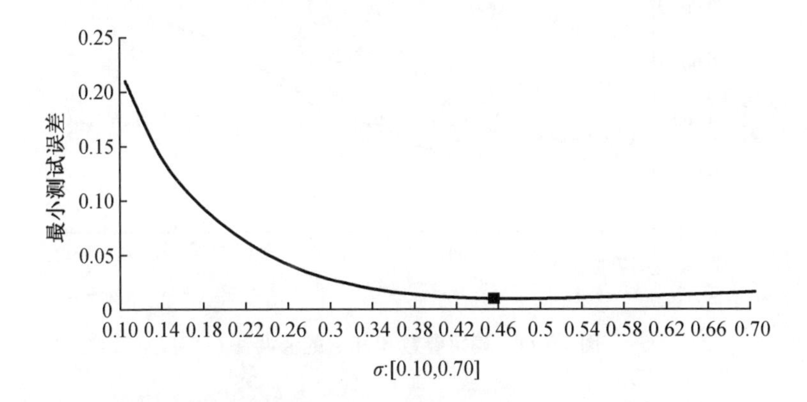

图2-8　确定参数 ε 和 C 的值调整 σ($C=50,\varepsilon=0.27$)

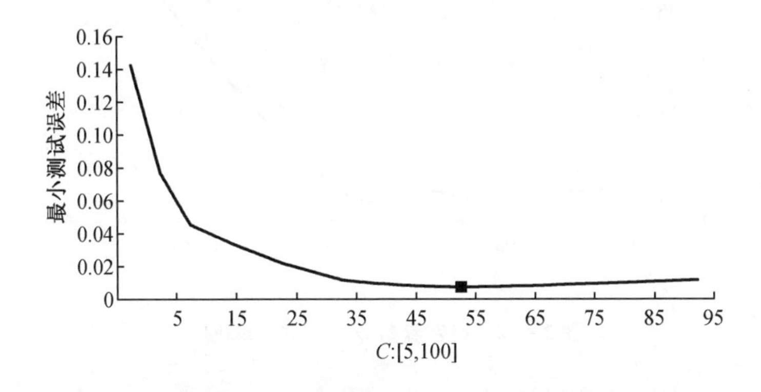

图2-9　确定参数 σ 和 ε 的值调整 C($\sigma=0.45,\varepsilon=0.27$)

第二个例子,请参考图2-10~图2-12。首先,将参数 ε 和 C 分别设置为固定值0和10,然后调整 σ 的值,直到得到最小测试误差。如图2-10所示,当 $\sigma=87$ 时,得到最小测试误差。因此,设置参数 σ 的最终值为87。其次,分别设置参数 σ 和 ε 为固定值87和0,

然后调整参数 C 的值(图 2 - 11)。参数 C 的最终值为 2 时得到最小测试误差。因此,参数 C 的最终值为 2。最后,分别设置参数 σ 和 C 为固定值 87 和 2,然后调整参数 ε 的值(图 2 - 12)。当最小测试误差取得最小值时 ε 的值为 0.008。因此,3 个参数(σ、C、ε)相应设置的值为 87,2,0.008,最小测试误差为 0.002 345。

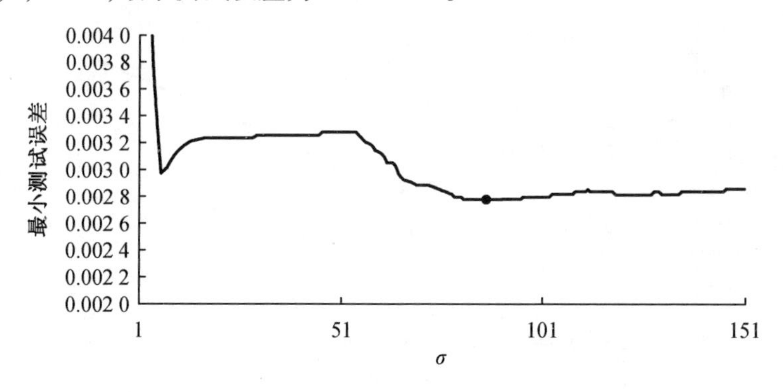

图 2 - 10　确定参数 ε 和 C 的值调整 σ

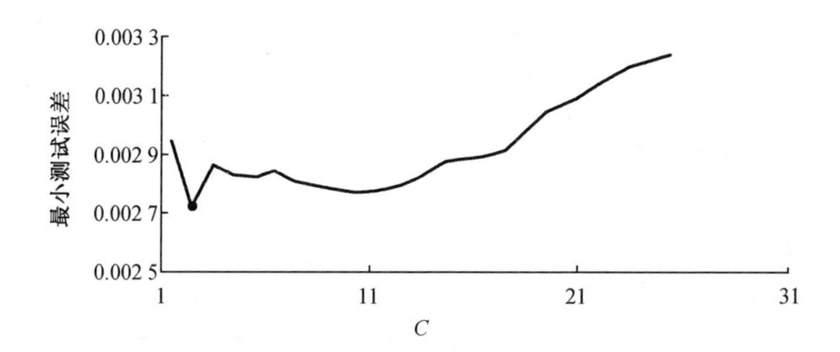

图 2 - 11　确定参数 σ 和 ε 的值调整 C

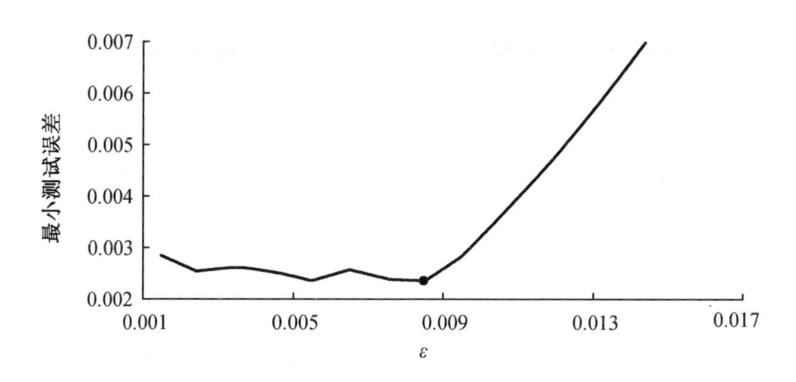

图 2 - 12　确定参数 σ 和 C 的值调整 ε

这 3 个参数的传统确定方法不仅耗费时间,而且无法获得满意的预测精度。这是因为在初始步骤中很难设置参数 ε 和 C 合适的初始值,而且不能有效地找到大规模数据集的近似最优解,特别是同时考虑 3 个参数的相互作用,计算复杂度将耗尽有限的决策时间。因此,采用优化求解进程来获得合适的参数组合是可行的,如描述上述结构风险的目标函数最小化。GA、SA、IA、PSO 和禁忌搜索等优化算法都是确定适当参数值的候选算法。笔者将在第 3 章中通过使用不同的优化算法来确定 SVR 模型的合适参数,而开始一系列的探索。

2.3　实例数据集和预测对比统计检验

2.3.1　数据集

为了完成各类模型预报性能的对比分析,本书运用我国东北地区每月电力负荷数据完成负荷预报性能研究。表 2-1 列出了本书使用的数据集。在此期间我国东北地区每月电力负荷共有 64 个数据,考虑到相关研究人员在预测试验过程中对上述数据的使用情况,本书选取了 53 个数据(2004 年 12 月—2009 年 4 月)作为数据试验的基础,变化趋势如图 2-13 所示。预测过程中,将数据分为 3 个数据集,即训练数据集(32 个月,2004 年 12 月—2007 年 7 月)、验证数据集(14 个月,2007 年 8 月—2008 年 9 月)和测试数据集(7 个月,从 2008 年 10 月—2009 年 4 月),见表 2-2。

表 2-1　我国东北地区每月电力负荷(2004 年 1 月—2009 年 4 月)

(单位:kW·h)

时间	电力负荷($\times10^8$)	时间	电力负荷($\times10^8$)	时间	电力负荷($\times10^8$)
2004 年 1 月	129.08	2005 年 11 月	150.84	2007 年 9 月	175.41
2004 年 2 月	127.24	2005 年 12 月	165.27	2007 年 10 月	179.64
2004 年 3 月	136.95	2006 年 1 月	155.31	2007 年 11 月	188.89
2004 年 4 月	125.34	2006 年 2 月	138.50	2007 年 12 月	197.62
2004 年 5 月	126.86	2006 年 3 月	133.27	2008 年 1 月	200.35
2004 年 6 月	129.34	2006 年 4 月	151.41	2008 年 2 月	169.24
2004 年 7 月	131.91	2006 年 5 月	155.63	2008 年 3 月	196.97
2004 年 8 月	136.22	2006 年 6 月	155.70	2008 年 4 月	186.15
2004 年 9 月	131.56	2006 年 7 月	162.98	2008 年 5 月	188.49
2004 年 10 月	134.62	2006 年 8 月	163.41	2008 年 6 月	190.82
2004 年 11 月	144.62	2006 年 9 月	157.57	2008 年 7 月	196.53
2004 年 12 月	154.62	2006 年 10 月	160.15	2008 年 8 月	197.67
2005 年 1 月	151.48	2006 年 11 月	168.13	2008 年 9 月	183.77
2005 年 2 月	126.74	2006 年 12 月	180.71	2008 年 10 月	181.07
2005 年 3 月	148.57	2007 年 1 月	179.94	2008 年 11 月	180.56
2005 年 4 月	136.60	2007 年 2 月	147.29	2008 年 12 月	189.03
2005 年 5 月	138.83	2007 年 3 月	172.45	2009 年 1 月	182.07
2005 年 6 月	136.60	2007 年 4 月	169.98	2009 年 2 月	167.35
2005 年 7 月	146.21	2007 年 5 月	173.21	2009 年 3 月	189.30
2005 年 8 月	146.09	2007 年 6 月	177.43	2009 年 4 月	175.84

表 2－1(续)

时间	电力负荷(×10⁸)	时间	电力负荷(×10⁸)	时间	电力负荷(×10⁸)
2005 年 9 月	140.04	2007 年 7 月	184.29		
2005 年 10 月	142.02	2007 年 8 月	183.53		

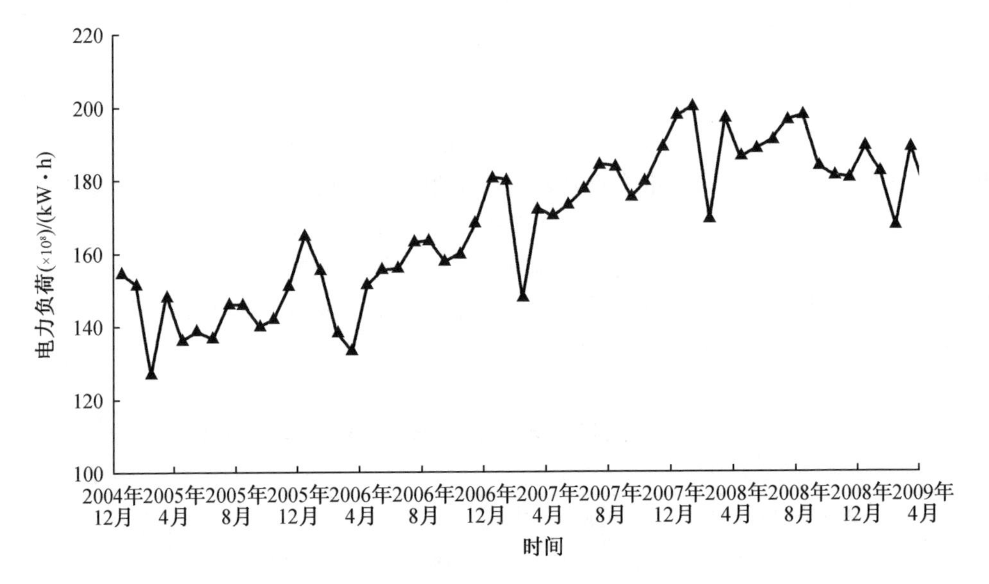

图 2－13　我国东北地区每月电力负荷趋势图(2004 年 12 月—2009 年 4 月)

表 2－2　建议模型的训练、验证和测试数据集

数据集	基于 SVR 的模型	TF－ε－SVR－SA 模型
训练数据集	2004 年 12 月—2007 年 7 月	2004 年 12 月—2008 年 9 月
验证数据集	2007 年 8 月—2008 年 9 月	
测试数据集	2008 年 10 月—2009 年 4 月	2008 年 10 月—2009 年 4 月

2.3.2　预测对比统计检验

1. Wilcoxon 符号秩检验

当两个数据序列的大小相同时,选取 Wilcoxon 符号秩检验检测两个数据序列的中心趋势差异的显著性。统计 W 计算公式,即

$$W=\min\{S^{+},S^{-}\} \tag{2-53}$$

其中

$$S^{+}=\sum_{i=1}^{n}I^{+}(d_i) \tag{2-54}$$

$$S^{-}=\sum_{i=1}^{n}I^{-}(d_i) \tag{2-55}$$

$$I^{+}(d_i)=\begin{cases}1 & d_i>0\\ 0 & \text{其他}\end{cases} \tag{2-56}$$

$$I^{-}(d_i)=\begin{cases}1 & d_i<0\\ 0 & \text{其他}\end{cases} \tag{2-57}$$

并且

$$d_i=(\text{dataseries I})_i-(\text{dataseries II})_i \tag{2-58}$$

2. 渐近测试

F. X. Diebold 等提出了渐近测试(S_1),它适用于简单的 F 检验、Morgan – Granger – Newbold 检验和 Meese – Rogoff 检验。因此,应用于本书中 S_1 的统计公式为

$$S_1=\frac{d_i}{\sqrt{\dfrac{2\pi\hat{f}_d(0)}{T}}} \tag{2-59}$$

其中,d_i 是两个对比电力负载预测模型的损失微分系列,计算公式为

$$d_i=e_{1i}^2-e_{2i}^2 \tag{2-60}$$

其中,e_1 和 e_2 分别表示两个对比电力负载预测模型的误差。

$2\pi\hat{f}_d(0)$是可用样本自协方差的加权和,计算公式为

$$2\pi\hat{f}_d(0)=\sum_{\tau=-(T-1)}^{T-1}1\times\left[\frac{\tau}{S(T)}\right]\hat{\gamma}_d(T) \tag{2-61}$$

其中,T 是样本容量;$\hat{\gamma}_d(T)$的定义见式(2-62)

$$\hat{\gamma}_d(T)=\frac{1}{T}\sum_{t=|\tau|+1}^{T}(d_t-\bar{d})(d_{t-|\tau|}-\bar{d}) \tag{2-62}$$

并且,$1\times\left[\frac{\tau}{S(T)}\right]$代表延迟窗口,定义见式(2-63)

$$1\times\left[\frac{\tau}{S(T)}\right]=\begin{cases}1 & \left|\dfrac{\tau}{S(T)}\right|\leqslant 1\\ 0 & \text{其他}\end{cases} \tag{2-63}$$

显然,$S(T)=k$,其中 k 表示作为预测的数量,本书中的预测是提前一步进行的,因此 k 被设置为1。在两个对比电力负荷预测模型中,在相同的预测精度的零假设下,双尾检验(具有正态分布)以0.05和0.10的显著性水平进行检验。

2.4　对比模型建模及预测结果

2.4.1　ARIMA 模型

对于 ARIMA 模型,利用统计软件包,结合训练数据,确定最适合的预测模型,即带有常数项的 ARIMA(1,1,1)模型。ARIMA(1,1,1)模型可以表示为

$$(1-0.0641B^1)\nabla y_t=1.2652+(1+0.9715B^1)\varepsilon_t \tag{2-64}$$

在确定了 ARIMA 模型的合适参数之后,检验所提出的模型与给定时间序列的吻合程度是非常重要的。ACF 是用来校验参数的。图2-14 绘制了预计残差 ACF 的图并表明残差不是自相关的。图2-15 中显示的是部分自相关函数(PACF),也被用于检查残差并表明残差是不相关的。预测结果见表2-3 的第3列。

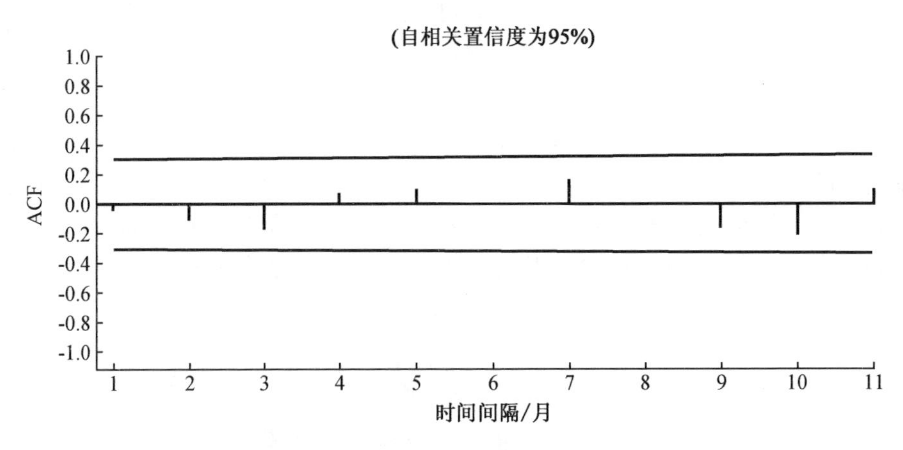

图 2-14　预计残差 ACF

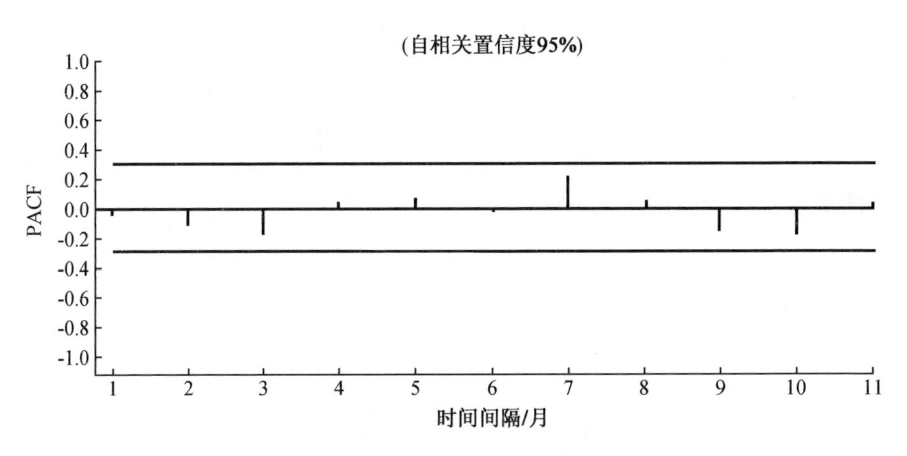

图 2-15　预计残差 PACF

表 2-3　ARIMA、HW、GRNN 和 BPNN 模型的预测结果

（单位：kW · h）

时间节点	真实值 （$\times 10^8$）	ARIMA(1,1,1) （$\times 10^8$）	HW (0.561 8, 0.047 2) （$\times 10^8$）	GRNN （$\sigma=3.33$） （$\times 10^8$）	BPNN （$\times 10^8$）
2008 年 10 月	181.07	192.932	191.049	191.131	172.084
2008 年 11 月	180.56	191.127	192.015	187.827	172.597
2008 年 12 月	189.03	189.916	192.981	184.999	176.614
2009 年 1 月	182.07	191.995	193.947	185.613	177.641
2009 年 2 月	167.35	189.940	194.913	184.397	180.343
2009 年 3 月	189.30	183.988	195.879	178.988	183.830
2009 年 4 月	175.84	189.348	196.846	181.395	187.104
MAPE/%		6.044	7.480	4.636	5.062

2.4.2　HW 模型

对于 HW 模型，通过运用 Minitab 14.0 软件，α 和 β 的值分别被确定为 0.561 8 和 0.047 2。预测结果见表 2-3 的第 4 列。

2.4.3　GRNN 模型

对于 GRNN 模型，图 2-16 展示了 GRNN 模型中 MAPE 值随 σ 的变化曲线。显然，当 σ 超过 3.33 时，MAPE 的值将会随之增加。因此，σ 的极限是 3.33。在本书中，σ 的值设置为 0.04。预测结果见表 2-3 的第 5 列。

2.4.4　BPNN 模型

对于 BPNN 模型，运用 Matlab 软件实现预测过程。隐藏层中的节点数被用作 BPNN 模型的验证参数。BPNN 模型中最佳隐藏节点的数量设置为 3。预测结果见表 2-3 的最后一列。

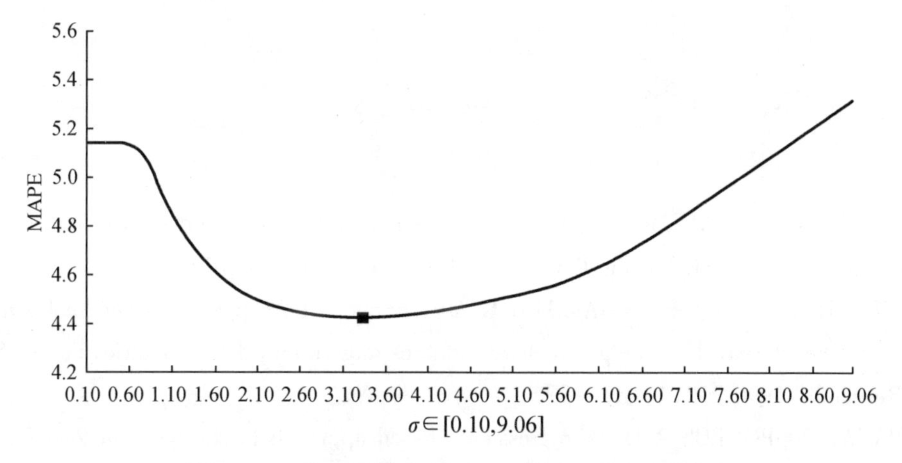

图 2-16　GRNN 模型中 MAPE 值随 σ 的变化曲线

图 2-17 显示了不同模型的预测精度。显然，这 4 个模型对 HW 和 BPNN 模型并不适合。因此，希望寻找更适合的方法来克服传统模型和基于 ANN 模型的缺点。在下面的章节中，将会选择 ARIMA(1,1,1) 和 GRNN(σ=3.33) 与基于 SVR 的模型进行比较。

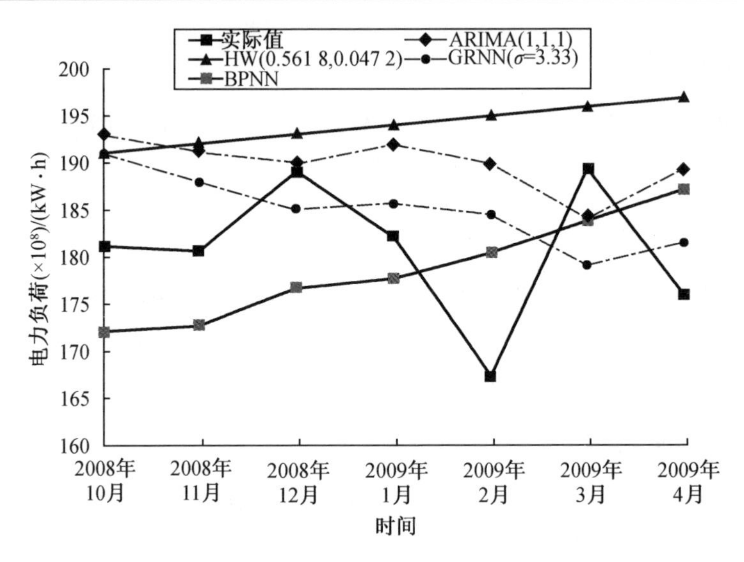

图 2-17 ARIMA、HW、GRNN 和 BPNN 模型的预测结果

参 考 文 献

[1] MOGHRAM I, RAHMAN S. Analysis and evaluation of five short - term load forecasting techniques[J]. IEEE Trans Power Sys, 1989, 4(4):1484 - 1491.

[2] EL - HAWARY M E, MBAMALU G A N. Short - term power system load forecasting using the iteratively reweighted least squares algorithm [J]. Electric Power Systems Research, 1990, 19(1):11 - 22.

[3] PAPALEXOPOULOS A D. A regression - based approach to short - term load forecasting [J]. IEEE Transactions on Power Systems, 1990, 5(4):1535 - 1547.

[4] GRADY W M, GROCE L A, Huebner T M, et al. Enhancement, implementation and performance of an adaptive short - term load forecasting algorithm[J]. IEEE Trans Power Syst ,1991(6):1404 - 1410.

[5] ALFUHAID A S, EL - SAYED M A, MAHMOUD M S. Cascaded artificial neural networks for short - term load forecasting [J]. IEEE Transactions on Power Systems, 1997, 12(4):1524 - 1529.

[6] HONG W C. Hybrid evolutionary algorithms in a SVR - based electric load forecasting model[J]. International Journal of Electrical Power & Energy Systems, 2009, 31(7 - 8): 409 - 417.

[7] HONG W C. Chaotic particle swarm optimization algorithm in a support vector regression electric load forecasting model[J]. Energy Conversion and Management, 2009, 50(1): 105 - 117.

[8] HONG W C. Electric load forecasting by support vector model[J]. Applied Mathematical Modelling, 2009, 33(5):2444 - 2454.

[9] HONG W C. Application of chaotic ant swarm optimization in electric load forecasting[J]. Energy Policy, 2010, 38(10):5830 - 5839.

[10] PAI P F, HONG W C. Forecasting regional electricity load based on recurrent support vector machines with genetic algorithms[J]. Electric Power Systems Research, 2005, 74(3):417 - 425.

[11] PAI P F, HONG W C. Support vector machines with simulated annealing algorithms in electricity load forecasting[J]. Energy Conversion and Management, 2005, 46(17): 2669 - 2688.

[12] HONG W C, DONG Y, ZHANG W Y, et al. Cyclic electric load forecasting by seasonal SVR with chaotic genetic algorithm[J]. International Journal of Electrical Power & Energy Systems, 2013, 44(1):604 - 614.

[13] BOX G E P, JENKINS G M. Time series analysis, forecasting and control[J]. Journal of the American Statistical Association, 1971, 134(3):245 - 461.

[14] ABU - EL - MAGD M A, SINHA N K. Short - term load demand modeling and forecasting: a review[J]. Trans on Systems & Cybernetics, 1982, 3(3):370 - 382.

[15] SOLIMAN S A, PERSAUD S, EL - NAGAR K, et al. Application of least absolute value parameter estimation based on linear programming to short - term load forecasting[J]. Int J Electrical Power Energy Syst, 1997 (19):209 - 216.

[16] HOLT C C. Forecasting seasonals and trends by exponentially weighted moving averages[J]. International Journal of Forecasting, 2004, 20(1):5 - 10.

[17] WINTERS P R. Forecasting sales by exponentially weighted moving averages[J]. Management Science, 1960, 6(3):324 - 342.

[18] SPECHT D F. A general regression neural network[J]. IEEE Transactions on Neural Networks, 1991, 2(6):568 - 576.

[19] CAO L, GU Q. Dynamic support vector machines for non - stationary time series forecasting[J]. Intell Data Anal, 2002(6):67 - 83.

[20] VAPNIK V. The nature of statistical learning theory[M]. New York: Springer, 2000.

[21] CORTES C, VAPNIK V. Support - vector networks[J]. Machine Learning, 1995, 20(3):273 - 297.

[22] SHAWE - TAYLOR J, BARTLETT P L, WILLIAMSON R C, et al. Structural risk minimization over data - dependent hierarchies[J]. IEEE Transactions on Information Theory, 1998, 44(5):1926 - 1940.

[23] AMARI S, WU S. Improving support vector machine classifiers by modifying kernel functions[J]. Neural Networks, 1999, 12(6):783 - 789.

[24] KECMAN V. Learning and soft computing: support vector machines, neural networks, and fuzzy logic models[M]. Massachusetts :MIT Press, 2001.

[25] SMOLA A J, SCHLKOPF B, MÜLLER K R. The connection between regularization operators and support vector kernels[J]. Neural Networks, 1998, 11(4):637 - 649.

[26] CHERKASSKY V, MA Y. Practical selection of SVM parameters and noise estimation for SVM regression[J]. Neural Networks, 2004, 17(1):113 - 126.

[27] WANG J, ZHU W, ZHANG W, et al. A trend fixed on firstly and seasonal adjustment model combined with the epsilon – SVR for short – term forecasting of electricity demand [J]. Energy Policy, 2009, 37(11):4901 – 4909.

[28] DANIEL W W. Applied nonparametric statistics[M]. Boston :Houghton Mifflin Co. ,1978.

[29] DIEBOLD F X, MARIANO R S. Comparing predictive accuracy[J]. Journal of Business & Economic Statistics, 1995, 13(3):253 – 263.

[30] MORGAN W A. A test for the significance of the difference between the two variances in a sample from a normal bivariate population[J]. Biometrika, 1939, 31(1 – 2):13 – 19.

[31] GRANGER C W J, NEWBOLD P. Forecasting economic time series[M]. Florida :Academic Press, 1977.

[32] MEESE R, ROGOFP K. Was it real? The exchange rate – interest differential relation over the modern floating – rate period[J]. The Journal of Finance, 1988, 43(4):933 – 948.

第3章　基于进化算法的SVR参数确定方法

如第2章所述,在优化过程中初始步骤不能建立参数σ、C和ε合适初始值,并且无法同时考虑3个参数之间的相互作用,进而有效地找到大规模数据集的近似最优解,所以3个参数的现有确定方法很难保证预测精度。因此,采用优化算法对解的范围进行智能搜索,通过描述SVR模型结构风险的目标函数最小化来确定合适的参数组合是可行的。本章将介绍几类具有代表性的优化算法在SVR预测模型参数优选中的应用。

3.1　基于GA的SVR参数确定

3.1.1　GA的进化程序

J. Holland提出的GA是一种通过模仿生物进化过程的有组织的随机搜索技术。这种算法基于适者生存原则,试图保留代间遗传信息。GA也是自适应随机搜索技术,它利用选择、交叉和变异算子产生新的个体。GA具有解决传统算法难以解决问题的能力。它的主要优点是能够以相对适中的计算过程找到最优解或近似最优解。图3-1描述了一个GA的进化过程,进化过程简述如下。

步骤1:初始化。随机产生染色体的初始群体。3个自由参数σ、C和ε都以二进制格式编码,并用一条染色体表示。

步骤2:适应性评估。评估每条染色体的适应性。在本书中,负平均绝对百分比误差(-MAPE)被用于适应度函数,MAPE计算公式见式(3-1)。

$$MAPE = \frac{1}{N}\sum_{i=1}^{N}\left|\frac{a_i - f_i}{a_i}\right| \times 100\% \tag{3-1}$$

式中　a_i——实际电力负荷;

f_i——预测电力负荷;

N——预测周期数。

步骤3:选择。基于适应度函数,适应度值更高的染色体更有可能在下一代中产生后代。其中,轮盘选择原理适用于选择繁殖的染色体。

步骤4:交叉和变异。通过交叉和变异进化创造新的后代。通过将"1"位转换为"0"位或"0"位转换到"1"位来随机执行变异。采用单点交叉原理,两个确定的断点之间的成对染色体被交换。交叉和变异是有一定概率的。在本书中,交叉和变异的概率分别设置为0.5和0.1。

步骤5:下一代。形成下一代群体。

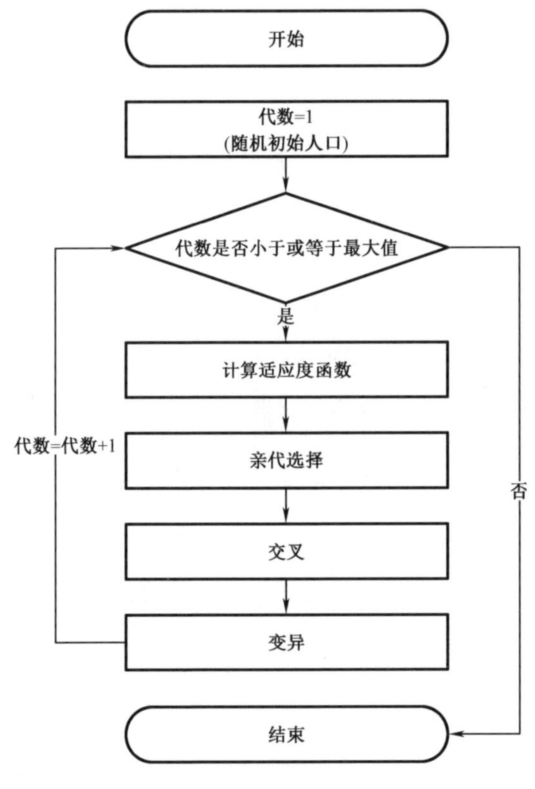

图 3-1　GA 的体系结构

步骤 6:停止条件。如果生成的数量等于一个给定的尺度,则最好的染色体就会作为解决方案呈现,否则返回到步骤 2。

GA 可以通过在 SVR 中搜索 3 个参数的更好组合来产生较小的 MAPE。在本书中,GA 指定为二进制编码。3 个自由参数 σ、C 和 ε 由一个染色体表示,染色体由 3 个二进制数形式的基因组成(图 3-2)。这里的种群数量设置为 200。每个基因包含 40 位,相应的染色体包含 120 位。基因中的位数越多,搜索空间的分割越精细。亲本选择是根据适应度函数选择来自亲本种群的两条染色体的过程。更健康的染色体更有可能产生后代。为了简单起见,假设一个基因有 4 位,一条染色体包含 12 位(图 3-3)。在进行交叉进化之前,亲代 1 中的 3 个参数的值分别为 1.5、1.25 和 0.343 75,亲代 2 中的 3 个值分别为 0.625、8.75 和 0.156 25。在交叉进化后,子代 1 中的 3 个值分别是 1.625、3.75 和 0.406 25,子代 2 中的 3 个值分别是 0.5、6.25 和 0.093 75。

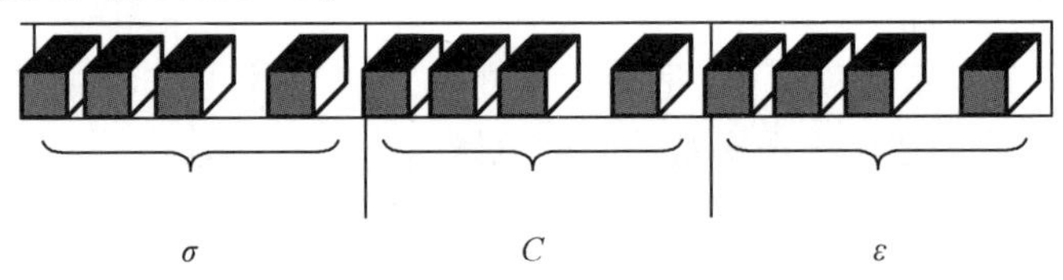

图 3-2　染色体的二进制编码

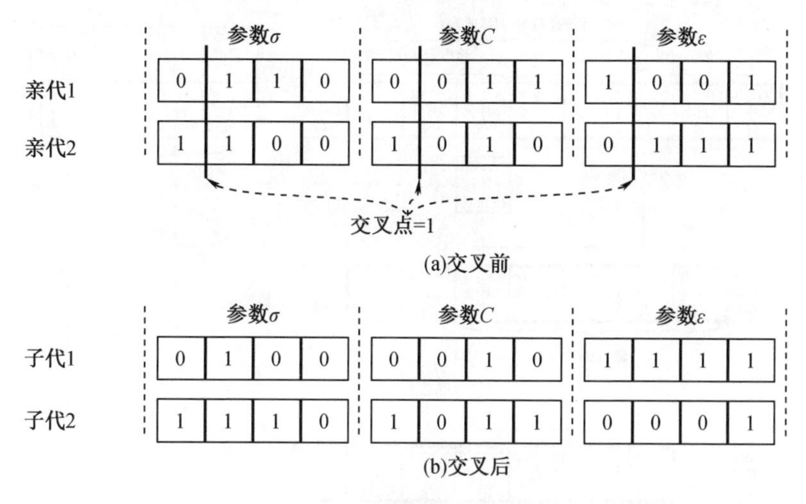

图3-3　一个参数表示的简单例子

3.1.2　基于GA的参数确定及预测结果

本小节将讨论所提出的混合模型——SVRGA(基于GA进行SVR参数优选的方法)模型的建模过程及预测性能。在训练阶段,进行滚动基础预测程序(图3-4),将训练数据分为两个子集,即输入子集(25个负荷数据)和输出子集(7个负荷数据)。首先,将输入子集的主要25个负荷数据输送到所提出的模型中,采用SRM原则使训练误差最小,从而获得一个提前预测负荷,即第26个预测负荷。然后将输入子集数据中的24个数据(从第2个到第25个)和输出子集中的第26个数据,共25个加载数据,再次输入所提出的模型中,同样用SRM原则最小化训练误差,从而再次获得一个提前预测负荷,即第27个预测负荷。重复滚动基础预测程序,直到获得第32个预测负荷,同时也获得了训练阶段的训练误差。

在第一次训练中,将25个月(2004年12月—2006年12月)的电力负荷数据输入SVRGA中,计算2007年1月的预测电力负荷,然后是第二次训练,将未来25个月(2005年1月—2007年1月)的电力负荷数据同样输入SVRGA中,计算2007年2月的预测电力负荷,并重复以前的步骤分别计算2007年3月和2007年7月的预测电力负荷。最后,计算预测电力负荷(2007年1月至2007年7月)与原电力负荷(2007年1月至2007年7月,即输出子集)之间训练阶段的MAPE。

在训练误差得到改善的同时,采用GA调整的SVRGA模型的3个核心参数σ、C和ε来计算验证误差。然后,选择具有最小验证误差的调整参数作为最合适的参数。最后,采用一步超前策略预测电力负荷。测试数据集不是用于建模,而是用于检查预测模型的准确性。表3-1为SVRGA模型的预测结果和优选参数,表明当使用25个输入数据时,这两个模型都是最佳的。

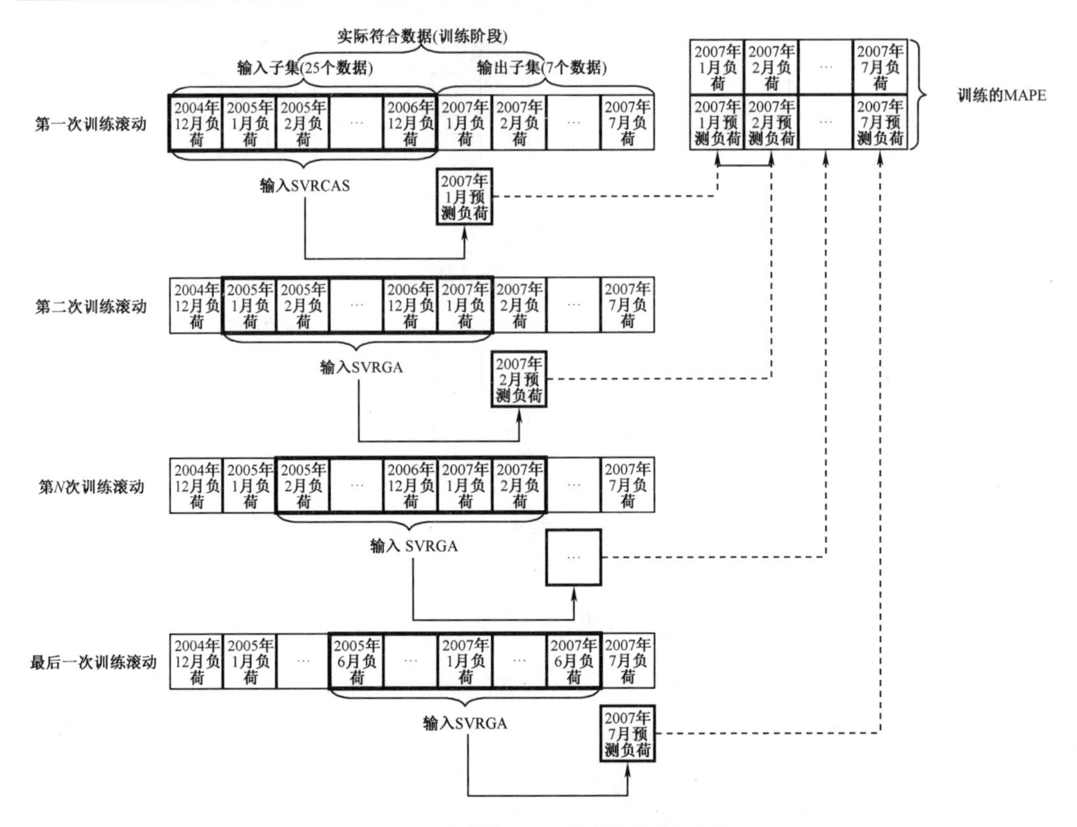

图 3-4　滚动基础预测程序(训练阶段)

表 3-1　SVRGA 模型的参数确定

输入数据的编号	参数			测试的 MAPE /%
	σ	C	ε	
5	76.84	297.20	0.429 8	4.354
10	4.46	143.54	1.670 5	3.763
15	4.67	70.23	3.992 1	3.719
20	233.56	2 911.70	11.234 0	3.974
25	686.16	5 048.40	19.317 0	3.676

表 3-2 为 ARIMA(1,1,1)、GRNN($\sigma=3.33$)、TF-ε-SVR-SA 和 SVRGA 模型获得的实际值和预测值。由表 3-2 可见,所提出的 SVRGA 模型的 MAPE 较之 ARIMA、GRNN 和 TF-ε-SVR-SA 模型更小。此外,为论证 SVRGA 模型与 ARIMA(1,1,1)、GRNN($\sigma=3.33$)和TF-ε-SVR-SA 预报优势的显著性,进行 Wilcoxon 符号秩检验,完成以 0.025 和 0.05 显著性水平的单尾测试。

表3－2　ARIMA、GRNN、TF－ε－SVR－SA和SVRGA模型的预测结果

（单位:kW·h）

时间节点	实际值（$\times 10^8$）	ARIMA（1,1,1）（$\times 10^8$）	GRNN（$\sigma=3.33$）（$\times 10^8$）	TF－ε－SVR－SA（$\times 10^8$）	SVRGA（$\times 10^8$）
2008年10月	181.07	192.932	191.131	184.504	178.326
2008年11月	180.56	191.127	187.827	190.361	178.355
2008年12月	189.03	189.916	184.999	202.980	178.355
2009年1月	182.07	191.995	185.613	195.753	178.356
2009年2月	167.35	189.940	184.397	167.580	178.357
2009年3月	189.30	183.988	178.988	185.936	178.358
2009年4月	175.84	189.348	181.395	180.165	181.033
MAPE/%		6.044	4.636	3.799	3.676

测试结果见表3－3和表3－4。显然,SVRGA模型明显优于ARIMA(1,1,1)、GRNN($\sigma=3.33$)和TF－ε－SVR－SA模型。不同模型的预测精度如图3－5所示。

表3－3　Wilcoxon符号秩检验

比较模型	Wilcoxon符号秩检验	
	$\alpha=0.025$ $W=2$	$\alpha=0.05$ $W=3$
SVRGA与ARIMA(1,1,1)	0^*	0^*
SVRGA与GRNN($\sigma=3.33$)	0^*	0^*
SVRGA与TF－ε－SVR－SA	2^*	2^*

注:*表示SVRGA模型显著优于其他对比模型。

SVRGA模型具有优越性有以下几个原因:首先,基于SVR的模型具有非线性映射能力,并且比ARIMA和GRNN模型更容易捕获电力荷载数据模式;其次,SVR模型中的参数选择对其预测性能产生了较大影响。参数不合适会导致SVR模型过度拟合或拟合不足。GA为SVR模型提供了更合适的参数组合,进而提高了预测精度。基于SVR的模型执行SRM,而不是最小化训练误差,与ARIMA和GRNN模型相比,最小泛化误差的上界提高了泛化性能。虽然SVRGA具有较小的MAPE,并通过了Wilcoxon检验,但显然它并不能很好地拟合实际的电力荷载。

表 3 - 4 渐近测试

比较模型	渐近(S_1)测试	
	$\alpha=0.05$	$\alpha=0.10$
SVRGA 与 ARIMA(1,1,1)	$H_0:e_1=e_2$	$H_0:e_1=e_2$
	$S_1=-11.546;p=0.000$ (reject H_0)	$S_1=-11.546;\ p=0.000$ (reject H_0)
SVRGA 与 GRNN($\sigma=3.33$)	$H_0:e_1=e_2$	$H_0:e_1=e_2$
	$S_1=-2.100;p=0.0179$ (reject H_0)	$S_1=-2.100;\ p=0.0179$ (reject H_0)
SVRGA 与 TF - ε - SVR - SA	$H_0:e_1=e_2$	$H_0:e_1=e_2$
	$S_1=-2.344;p=0.00954$ (reject H_0)	$S_1=-2.344;\ p=0.00954$ (reject H_0)

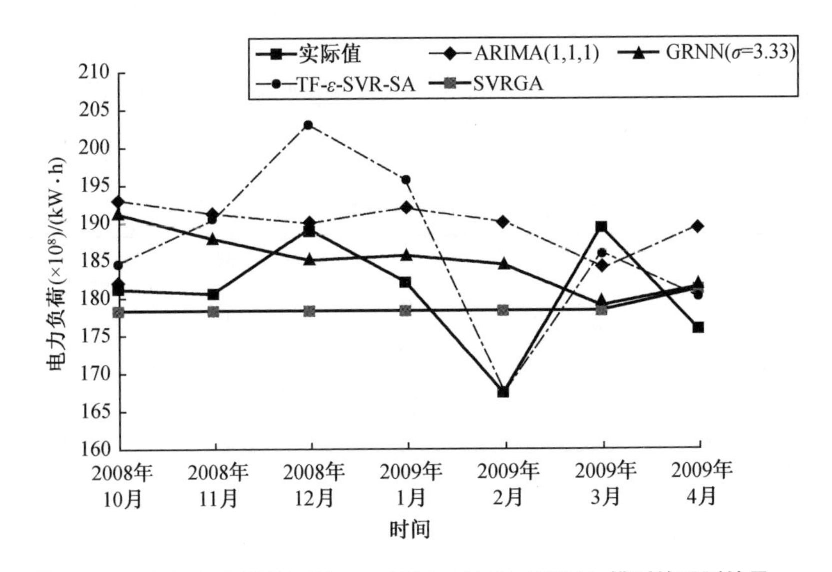

图 3 - 5 ARIMA、GRNN、TF - ε - SVR - SA 和 SVRGA 模型的预测结果

3.2 基于 SA 的 SVR 参数确定

3.2.1 SA 的进化过程

SA 是一种类似于材料物理退火过程的优化技术。如果系统在温度为 T 时处于热平衡状态,则系统处于给定状态 s 的概率 $P_T(s)$ 由玻尔兹曼分布给出,即

$$P_T(s)=\frac{\exp\left(-\frac{E(s)}{kT}\right)}{\sum_{w\in S}\exp\left(-\frac{E(w)}{kT}\right)} \tag{3-2}$$

其中,$E(s)$表示状态s的能量(当前状态被定义为每次迭代中的SVR预测误差);k代表玻尔兹曼常数;S是所有可能状态的集合。但式(3-2)不包含在给定温度下流体如何达到热平衡的信息。N. Metropolis等开发了一个模拟玻尔兹曼过程的算法,依据这个算法,当系统处于能量为$E(s_{old})$的原始状态s_{old}时,随机选择的原子受到扰动,产生能量为$E(s_{new})$的状态s_{new}。一种新的状态被接受或拒绝有以下两种情况:如果$E(s_{new}) \leq E(s_{old})$,则新的状态被自动接受;相反,如果$E(s_{new}) > E(s_{old})$,则接受新状态的概率由下面公式所示的概率函数给出

$$P(\text{accept } s_{new}) = \exp\left(-\frac{E(s_{old}) - E(s_{new})}{kT}\right) \tag{3-3}$$

根据S. Kirkpartrick等的研究,N. Metropolis的方法是针对退火时间表上的每个温度进行的,直到达到热平衡。此外,应用SA的先决条件是多个变量的给定集合定义唯一的系统状态,并由此计算目标函数。SA流程如图3-6所示。

步骤1:初始化。设置3个SVR参数σ、C和ε的上限,然后生成3个参数的初始值并将其输入到SVR模型中。预测误差被定义为系统状态(E),获得初始状态(E_0)。

步骤2:临时状态。随机移动将现有系统状态更改为临时状态,在这个阶段生成另外一组3个正参数。

步骤3:验收测试。确定临时状态接受或拒绝的公式为

$$\begin{cases} \text{Accept the provisional state} & \text{if} \quad E(s_{new}) > E(s_{old}),\ p < P(\text{accept } s_{new}),\quad 0 \leq p \leq 1 \\ \text{Accept the provisional state} & \text{if} \quad E(s_{new}) \leq E(s_{old}) \\ \text{Reject the provisional state} & \text{其他} \end{cases} \tag{3-4}$$

其中,p是确定接受临时状态的随机数。如果接受临时状态,则将临时状态设置为当前状态。

步骤4:现任解决方案。如果不接受临时状态,则返回步骤2。如果当前状态没有优于系统状态,则重复步骤2和步骤3,直到当前状态优于系统状态,再设置当前状态作为新的系统状态。已有研究表明,最大圈数(N_{sa})设置为$100d$可以避免无限重复循环,其中d表示问题的维度。在本书中,使用3个参数(σ、C、ε)来确定系统状态,因此N_{sa}设定为300。

步骤5:降低温度。获得新的系统状态后降低温度。新的温度由公式为

$$\text{新温度} = \text{当前温度} \times \rho \tag{3-5}$$

其中,$0 < \rho < 1$,本书中ρ设为0.9。如果达到预定温度,则停止算法,最新状态是近似最优解;否则,返回步骤2。

MAPE值也可以作为SVRSA模型中确定合适参数的标准,如式(3-1)。SA用于寻找SVR模型中3个参数的更好的组合,从而在每次迭代中获得更小的MAPE。

3.2.2　基于SA的参数确定及预测结果

本小节将讨论所提出的混合模型——SVRSA(基于SA进行SVR参数优选的方法)模型的建模过程及预报性能。

在训练阶段,同样采用滚动基础预测程序来获得预测荷载和训练误差。如果训练误差改变,则采用SA调整的SVRSA模型的3个核心参数σ、C和ε来计算验证误差。选取最小验证误差的调整参数,作为最合适的参数。SVRSA模型的预测结果和合适的参数见表3-5,表中数据也表明这两种模型在使用25个输入数据时都达到最优。

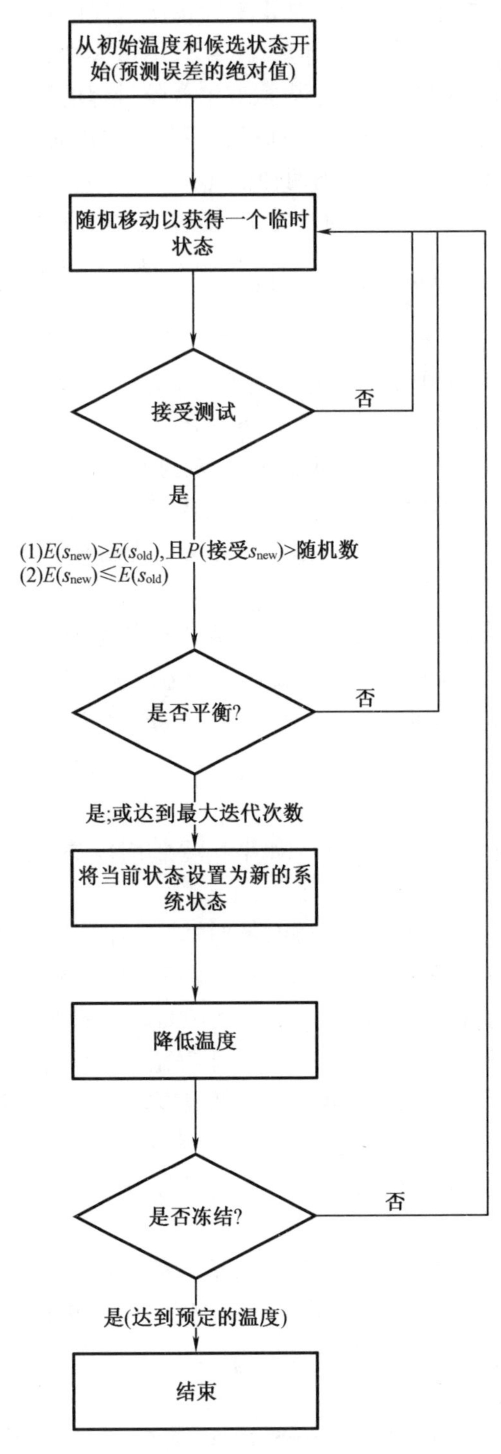
从初始温度和候选状态开始(预测误差的绝对值)
随机移动以获得一个临时状态
接受测试
否
是
(1)$E(s_{new})>E(s_{old})$,且P(接受s_{new})>随机数
(2)$E(s_{new})\leqslant E(s_{old})$
是否平衡?
否
是;或达到最大迭代次数
将当前状态设置为新的系统状态
降低温度
是否冻结?
否
是(达到预定的温度)
结束

图 3－6　SA 的流程图

表 3-5　SVRSA 模型的参数确定

输入数据的编号	参数			测试的 MAPE /%
	σ	C	ε	
5	464.06	399.70	0.689 1	4.289
10	3.72	176.14	0.608 9	4.161
15	3.53	165.38	7.393 5	3.941
20	3.02	1 336.70	9.837 4	3.871
25	95.00	9 435.20	12.657 0	3.801

表 3-6 显示了使用预测模型 ARIMA(1,1,1)、GRNN(σ=3.33)、TF-ε-SVR-SA 和 SVRSA 模型获得的实际值和预测值。所提出的模型与其他对比模型以 MAPE 为标准进行比较。SVRSA 模型的 MAPE 较 ARIMA 和 GRNN 模型小，而 TF-ε-SVR-SA 模型则具有更小的 MAPE。此外，为验证 SVRSA 模型与 ARIMA(1,1,1)、GRNN(σ=3.33)和 TF-ε-SVR-SA 模型相比精度提高的显著性，如上所述，Wilcoxon 符号秩和检验渐近性检验也都是符合条件的。测试结果见表 3-7 和表 3-8。显然，SVRSA 模型明显优于 ARIMA(1,1,1)模型，其次显著优于 GRNN(σ=3.33)模型（两个级别仅在 Wilcoxon 符号秩检验中都有意义，在渐近性检验中均失败）。并且，由表 3-6 至表 3-8 可知，TF-ε-SVR-SA 模型的 MAPE 较小但不完全显著优于 SVRSA 模型（仅在 Wilcoxon 符号秩检验中得到 α=0.05 水平的显著性，但在渐近性检验中均失败）。不同模型之间的预测精度如图 3-7 所示。

表 3-6　ARIMA、GRNN、TF-ε-SVR-SA 和 SVRSA 模型的预测结果

（单位：kW·h）

时间节点	实际值 ($\times 10^8$)	ARIMA(1,1,1) ($\times 10^8$)	GRNN (σ=3.33) ($\times 10^8$)	TF-ε-SVR-SA ($\times 10^8$)	SVRSA ($\times 10^8$)
2008 年 10 月	181.07	192.932	191.131	184.504	184.584
2008 年 11 月	180.56	191.127	187.827	190.361	185.412
2008 年 12 月	189.03	189.916	184.999	202.980	185.557
2009 年 1 月	182.07	191.995	185.613	195.753	185.593
2009 年 2 月	167.35	189.940	184.397	167.580	185.737
2009 年 3 月	189.30	183.988	178.988	185.936	184.835
2009 年 4 月	175.84	189.348	181.395	180.165	184.390
MAPE/%		6.044	4.636	3.799	3.801

表 3-7　Wilcoxon 符号秩检验

比较模型	Wilcoxon 符号秩检验	
	$\alpha=0.025$ $W=2$	$\alpha=0.05$ $W=3$
SVRSA 与 ARIMA(1,1,1)	1*	1*
SVRSA 与 GRNN($\sigma=3.33$)	2*	2*
SVRSA 与 TF-ε-SVR-SA	3	3**

注：* 表示 SVRSA 模型显著优于其他对比模型；** 表示 SVRSA 模型优于其他对比模型。

表 3-8　渐近测试

比较模型	渐近(S_1)测试	
	$\alpha=0.05$	$\alpha=0.10$
SVRSA 与 ARIMA(1,1,1)	$H_0:e_1=e_2$	$H_0:e_1=e_2$
	$S_1=-9.790$;$p=0.000$ (reject H_0)	$S_1=-9.790$; $p=0.000$ (reject H_0)
SVRSA 与 GRNN($\sigma=3.33$)	$H_0:e_1=e_2$	$H_0:e_1=e_2$
	$S_1=-1.210$;$p=0.113\ 1$ (not reject H_0)	$S_1=-1.210$;$p=0.113\ 1$ (not reject H_0)
SVRSA 与 TF-ε-SVR-SA	$H_0:e_1=e_2$	$H_0:e_1=e_2$
	$S_1=-0.969$;$p=0.166\ 3$ (not reject H_0)	$S_1=-0.969$; $p=0.166\ 3$ (not reject H_0)

SVRSA 模型之所以具有优越的性能，原因不仅在于模型本身，如 SVR 模型具有非线性映射能力、最小化结构风险（不是训练误差），而且还在于 SA 本身的搜索机制。在本节中，SA 算法可以成功地摆脱电力负荷预测的 3 个参数组合的一些临界局部最小值（预测误差）。

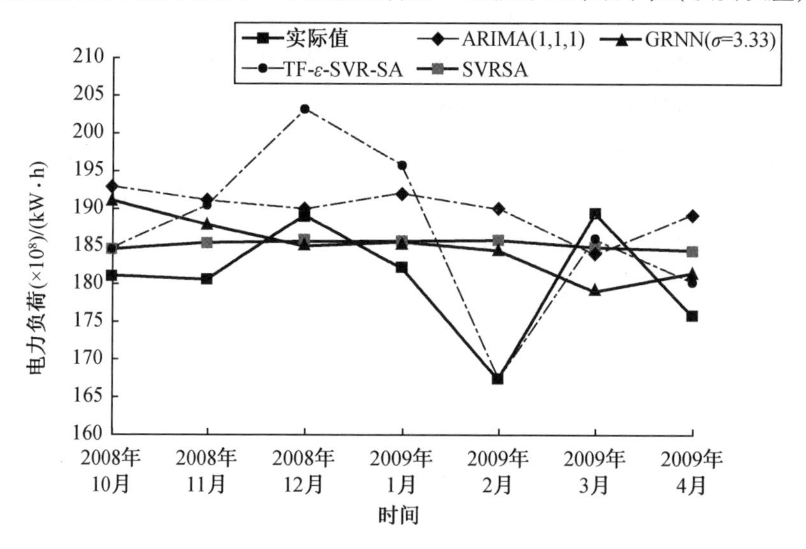

图 3-7　ARIMA、GRNN、TF-ε-SVR-SA 和 SVRSA 模型的预测结果

3.3　基于GA－SA的SVR参数确定

3.3.1　GA和SA的缺点

GA是一种自适应的随机搜索技术，它基于达尔文适者生存理论，用选择、交叉和变异算子产生新的个体。GA从各类目标函数的参数集编码开始，因此可以解决传统算法难以解决的问题。GA在运算过程中能够为下一代保留一定数量的最佳拟合成员，但是经过一代GA的搜索，可能导致过早收敛到局部最优。

SA是一种模拟材料物理退火过程的随机基础通用搜索工具。当处于原始状态的系统大于新生成状态时，这个新状态将被自动接受；反之，新的状态被具有概率函数的Metropolis准则所接受。SA的性能取决于冷却时间表，因此南非有一些研究机构能够摆脱局部最低限度，达到全球最低水平，但是SA会花费更多的计算时间。为了确保算法的效率，应考虑适当的温度冷却速率（停止标准）。

为了克服GA和SA的缺陷，应探索找到一些有效的方法和改进措施，以避免达到局部最优，有效搜索最优目标函数。GA－SA是处理上述缺陷的一个新尝试。GA－SA首先可以利用SA的优越性从局部最小值中跳出并接近全局最小值，其次利用GA的变异过程来提高数值范围内的搜索能力。因此，该混合算法目前已经应用到系统设计、系统和网络优化、信息检索系统、连续时间生产计划和电力分区问题。然而，GA－SA在SVR的参数确定中应用报道不多。本书建立的SVRGASA旨在解决在确定SVR电力负荷预测模型中3个自由参数时，避免GA过早收敛到局部最优和提升SA的演化效率。

3.3.2　GA－SA的进化过程

为了避免执行耗时的计算，只有GA群体中的最优个体才会交付给SA进行进一步改进。本节提出的GA－SA由GA和SA两部分组成。GA评估初始种群，并使用3个基本的遗传算子来生成新种群（最佳个体），然后将每一代GA交付给SA进行进一步处理。完成SA的所有过程后，修改后的个体将被送回到下一代GA。计算迭代直到达到算法的终止条件才会停止。GA－SA的提出过程如图3－8所示。

1.GA部分的程序

步骤1：初始化。随机构建染色体的初始种群。将第i代SVR模型中的3个参数C、σ和ε编码为二进制格式，并用一个由二进制数“基因”组成的染色体表示（图3－2）。每个染色体有3个基因，代表3个参数。每个基因包含40位，相应的染色体包含120位。基因中的位数越多，搜索空间的分割越精细。

步骤2：适应度评价。评估每个染色体的适应度（预测误差）。在本书中，把－MAPE作为适应度函数。MAPE计算方法见式（3－1）。

步骤3：选择进化。基于适应度函数，适应度值更高的染色体更有可能产生后代。其中，轮盘选择原则也可用于选择繁殖的染色体。

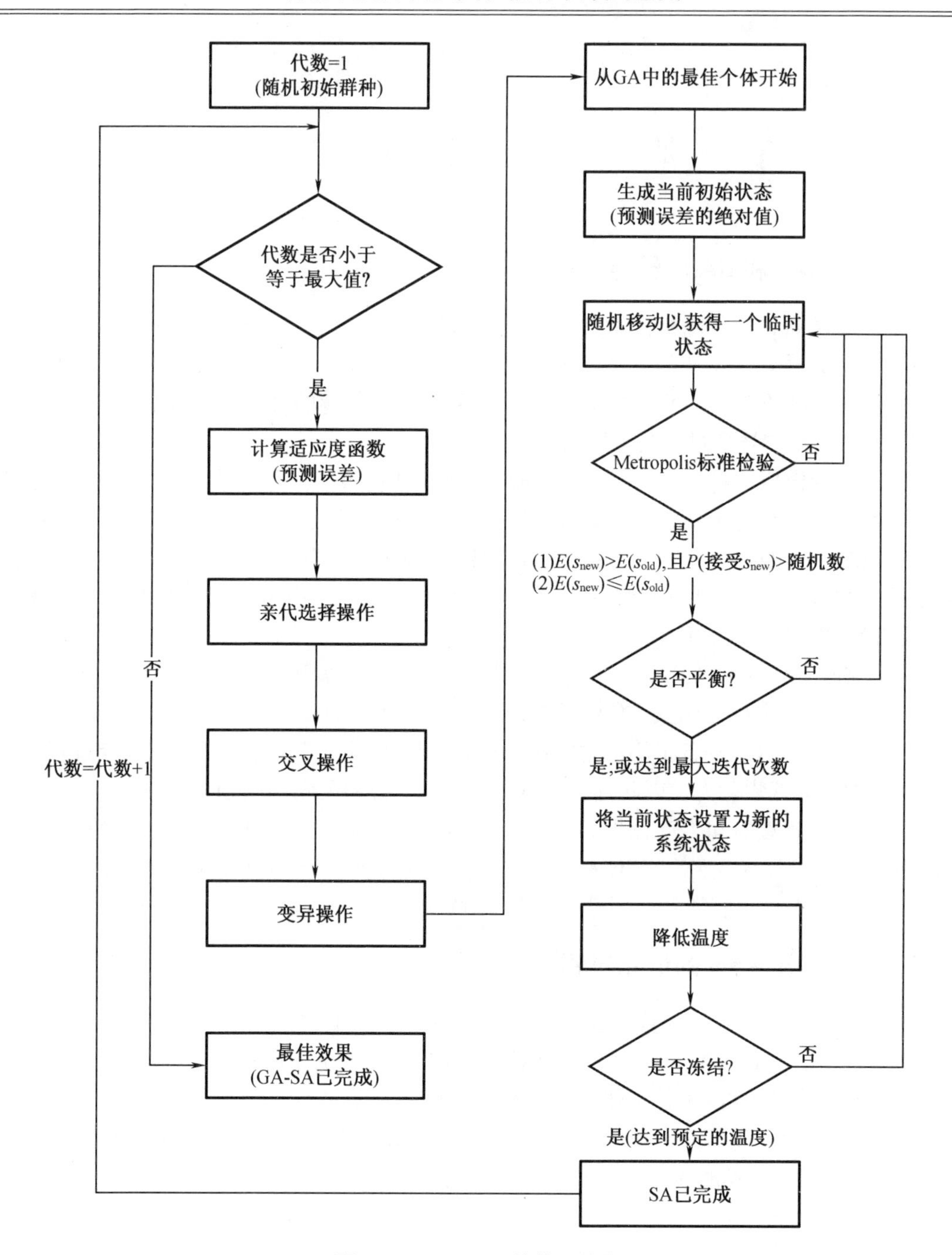

图 3－8　GA－SA 的体系结构

步骤 4:交叉进化和变异进化。通过将“1”位转换为“0”位或将“0”位转换为“1”位来随机执行突变。在交叉进化中,染色体随机发生配对。此处采用单点交叉原理。两个确定的断点之间成对染色体片段发生交换。最后,以十进制格式解码交叉 3 个参数。

步骤 5:停止条件。如果生成的数量等于一个给定的尺度,那么该染色体为最优解,否则进入 SA 部分的第一步。

在所提出的 GA－SA 过程中,GA 将把最好的个体交给 SA 进行进一步的处理。在 GA 的最优个体得到改进后,SA 将其发回给 GA,供下一代使用。计算迭代直到达到算法的终止条件才会停止。

2. SA部分的程序

步骤1:生成初始状态。从GA中接收3个参数的值。预测误差被定义为系统状态(E),获得初始状态(E_0)。

步骤2:临时状态。随机移动将现有系统状态更改为临时状态。在这个阶段生成另外一组3个正参数。

步骤3:Metropolis标准测试。用式(3-4)来确定临时状态的接受或拒绝。如果临时状态被接受,则将临时状态设置为当前状态。

步骤4:解决方案。如果临时状态被拒绝,则返回步骤2。如果当前状态没有系统状态好,则重复步骤2和步骤3直到当前状态优于系统状态,并设置当前状态作为新的系统状态。最大循环数(N_{sa})同样设置为300。

步骤5:降低温度。在获得新的系统状态后降低温度。降低温度是通过式(3-5)得到的。如果达到预定温度,则停止算法,最新状态是近似最优解;否则,返回步骤2。

3.3.3 基于GA-SA的参数确定及预测结果

下面讨论所提出的混合模型——SVRGASA(基于GA-SA进行SVR参数优选的方法)模型的建模过程及预报性能。在训练阶段,同样采用滚动基础预测程序来获得训练阶段的预测荷载和训练误差。然后,如果训练误差得到改善,则利用GA-SA调整的SVRGASA模型的3个参数σ、C和ε来计算验证误差。同样选择具有最小验证误差的调整参数作为最合适的参数。表3-9给出了SVRGASA模型的预测结果和优选的参数,其中也表明这两种模型在使用25个输入数据时都达到最优。

表3-9 SVRGASA模型的参数确定

输入数据的编号	参数			测试的MAPE/%
	σ	C	ε	
5	96.06	469.09	4.2588	5.049
10	22.45	99.97	0.9677	4.383
15	5.14	146.91	9.8969	3.951
20	788.75	6587.20	9.2529	3.853
25	92.09	2449.50	13.6390	3.530

表3-10表示分别使用ARIMA(1,1,1)、GRNN(σ=3.33)、TF-ε-SVR-SA、SVRGA、SVRSA和SVRGASA模型获得的实际值和预测值。计算MAPE以将所提出的模型与其他对比模型进行比较。所提出的SVRGASA模型具有比其他对比模型更小的MAPE。此外,为了论证SVRGASA模型与其他模型相比准确性提高的显著性,开展Wilcoxon符号秩检验和渐近性测试。

表 3-10 ARIMA、GRNN、TF-ε-SVR-SA、SVRGA、SVRSA 和 SVRGASA 模型的预测结果

(单位:kW·h)

时间节点	实际值 (×10^8)	ARIMA (1,1,1) (×10^8)	GRNN (σ=3.33) (×10^8)	TF-ε-SVR-SA (×10^8)	SVRGA (×10^8)	SVRSA (×10^8)	SVRGASA (×10^8)
2008 年 10 月	181.07	192.932	191.131	184.504	178.326	184.584	183.563
2008 年 11 月	180.56	191.127	187.827	190.362	178.355	185.412	183.898
2008 年 12 月	189.03	189.916	184.999	202.980	178.355	185.557	183.808
2009 年 1 月	182.07	191.995	185.613	195.753	178.356	185.593	184.128
2009 年 2 月	167.35	189.940	184.397	167.580	178.357	185.737	184.152
2009 年 3 月	189.30	183.988	178.988	185.936	178.358	184.835	183.387
2009 年 4 月	175.84	189.348	181.395	180.165	181.033	184.390	183.625
MAPE/%		6.044	4.636	3.799	3.676	3.810	3.530

测试结果分别见表 3-11 和表 3-12。显然,SVRGASA 模型显著优于其他对比模型。图 3-9 表示不同模型的预测精度。

表 3-11 Wilcoxon 符号秩检验

比较模型	Wilcoxon 符号秩检验	
	α=0.025 W=2	α=0.05 W=3
SVRGASA 与 ARIMA(1,1,1)	0*	0*
SVRGASA 与 GRNN(σ=3.33)	2*	2*
SVRGASA 与 TF-ε-SVR-SA	1*	1*
SVRGASA 与 SVRGA	0*	0*
SVRGASA 与 SVRSA	0*	0*

注:* 表示 SVRGASA 模型显著优于其他对比模型。

表 3-12 渐近测试

比较模型	渐近(S_1)测试	
	α=0.05	α=0.10
SVRGASA 与 ARIMA(1,1,1)	$H_0: e_1 = e_2$	$H_0: e_1 = e_2$
	$S_1 = -10.965; p = 0.000$ (reject H_0)	$S_1 = -10.965; p = 0.000$ (reject H_0)
SVRGASA 与 GRNN(σ=3.33)	$H_0: e_1 = e_2$	$H_0: e_1 = e_2$
	$S_1 = -1.879; p = 0.030\ 16$ (reject H_0)	$S_1 = -1.879; p = 0.030\ 16$ (reject H_0)

表3-12(续)

比较模型	渐近(S_1)测试	
	$\alpha=0.05$	$\alpha=0.10$
SVRGASA与TF-ε-SVR-SA	$H_0:e_1=e_2$	$H_0:e_1=e_2$
	$S_1=-2.432;p=0.00751$ (reject H_0)	$S_1=-2.432;p=0.00751$ (reject H_0)
SVRGASA与SVRGA	$H_0:e_1=e_2$	$H_0:e_1=e_2$
	$S_1=4.426;p=0.000$ (reject H_0)	$S_1=4.426;p=0.000$ (reject H_0)
SVRGASA与SVRSA	$H_0:e_1=e_2$	$H_0:e_1=e_2$
	$S_1=-17.370;p=0.000$ (reject H_0)	$S_1=-17.370;p=0.000$ (reject H_0)

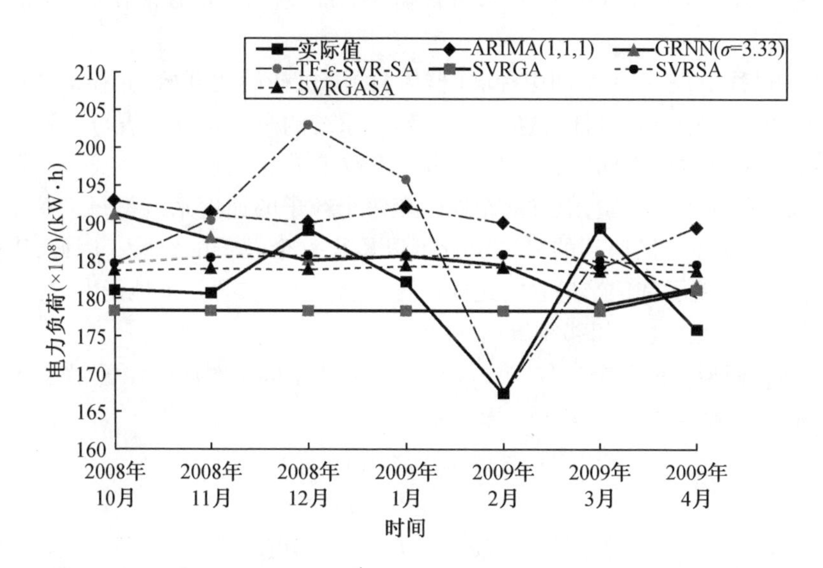

图3-9　ARIMA、GRNN、TF-ε-SVR-SA、SVRGA、SVRSA和SVRGASA模型的预测结果

在本节中,相比GA和SA,GA-SA有助于避免陷入局部最小值,因此优于SVRGA和SVRSA模型。例如,在表3-1、表3-5和表3-9中,通过25个输入的滚动数据,GA-SA很好地转移了SVRGA和SVRSA模型的局部解。就MAPE(分别为3.676%和3.810%)而言,GA-SA因为获得了更优的参数组合$(\sigma,C,\varepsilon)=(92.807,2\ 449.50,13.639)$,与GA$(\sigma,C,\varepsilon)=(686.16,5\ 048.4,19.317)$和SA$(\sigma,C,\varepsilon)=(94.998,9\ 435.20,12.657)$相比,提高了模型的预测精度MAPE(3.530%)。由此可见,在参数调整中,GA-SA比GA和SA更能够为SVR模型提供合适的参数组合。

3.4　基于 PSO 的参数确定

3.4.1　PSO 的进化过程

在前面的章节中,尽管 SVRGA 和 SVRSA 模型都优于其他对比预测模型(ARIMA、HW、GRNN 和 BPNN 模型),但是 GA 和 SA 缺乏解集的记忆或存储功能。因此,GA 和 SA 的这些缺点将导致搜索 SVR 模型适宜参数的效率不高。J. Kennedy 等最初从鱼类和鸟类觅食等生物体的社会行为中受到启发,提出了 PSO。该算法也需种群随机初始化。每个个体,即被赋予随机速度的粒子,在空间飞行寻找最佳的位置降落。与 GA 和 SA 相比,PSO 具有存储功能,可用于存储所有粒子的局部最优解,并且群中的粒子彼此共享信息。因此,基于思想简单、容易实现、收敛速度快等特点,PSO 在求解连续非线性优化问题中备受关注,并且被广泛应用。然而,PSO 与 GA 和 SA 类似,常常陷入局部最优,它的性能在很大程度上取决于其参数。

在 PSO 过程中,从搜索空间中种群(群体)的随机初始化开始,共存多个候选解。每个解,即粒子,在飞行中寻找最佳位置着陆。最终,系统的全局最佳位置可以通过调整每个粒子朝向自身最佳位置的方向和每一代群体最优粒子最佳位置方向来找到。根据自己的飞行经验以及相邻粒子的经验,通过动态地改变每个粒子的速度来调整每个粒子的方向。在搜索过程中,跟踪和记忆遇到的最佳位置可以累积每个粒子的经验。因此,PSO 本质上具有记忆能力,每个粒子都记忆过去的最佳位置,然后 PSO 整合了本地搜索方法(通过自身经验)与全局搜索方法(通过相邻经验)。

由于 SVR 模型中的 3 个参数,第 i 个粒子在 n 维空间中对应的位置($X_{(k)i}$)、速度($V_{(k)i}$)和自己的最佳位置($P_{(k)i}$)可以分别表示为

$$X_{(k)i}=[x_{(k)i,1},x_{(k)i,2},\cdots,x_{(k)i,n}] \tag{3-6}$$

$$V_{(k)i}=[v_{(k)i,1},v_{(k)i,2},\cdots,v_{(k)i,n}] \tag{3-7}$$

$$P_{(k)i}=[p_{(k)i,1},p_{(k)i,2},\cdots,p_{(k)i,n}] \tag{3-8}$$

其中,$k=\sigma$、C、ε;$i=1,2,\cdots,N$。

在种群 $X_{(k)i}=[X_{(k)1},X_{(k)2},\cdots,X_{(k)N}]$ 中的所有粒子之间的全局最佳位置为

$$P_{(k)g}=[p_{(k)g,1},p_{(k)g,2},\cdots,p_{(k)g,d}] \tag{3-9}$$

其中,$k=\sigma$、C、ε;$g=1,2,\cdots,N$。

然后,每个粒子的新速度由式(3-10)来计算

$$V_{(k)i}(t+1)=lV_{(k)i}(t)+q_1\text{rand}(\cdot)(P_{(k)i}-X_{(k)i}(t))+q_2\text{Rand}(\cdot)(P_{(k)g}-X_{(k)i}(t)) \tag{3-10}$$

其中,$k=\sigma$、C、ε;$i=1,2,\cdots,N$;l 为惯性权重,它控制粒子的上一个速度对当前粒子的影响;q_1 和 q_2 是两个正常数,称为加速度系数;rand(·)和 Rand(·)是两个独立的,在[0,1]中均匀分布的随机变量。

在速度更新之后,下一代粒子新位置的各个参数由式(3-11)确定

$$X_{(k)i}(t+1)=X_{(k)i}(t)+V_{(k)i}(t+1) \tag{3-11}$$

其中,$k=\sigma$、C、ε;$i=1,2,\cdots,N$。

需要注意的是，$V_{(k)i}$中每个分量值限制在$[-v_{\max}, v_{\max}]$的范围内，以控制粒子过度漫游到搜索空间外。重复该过程，直到达到所定义的停止阈值。PSO的流程如图3－10所示。

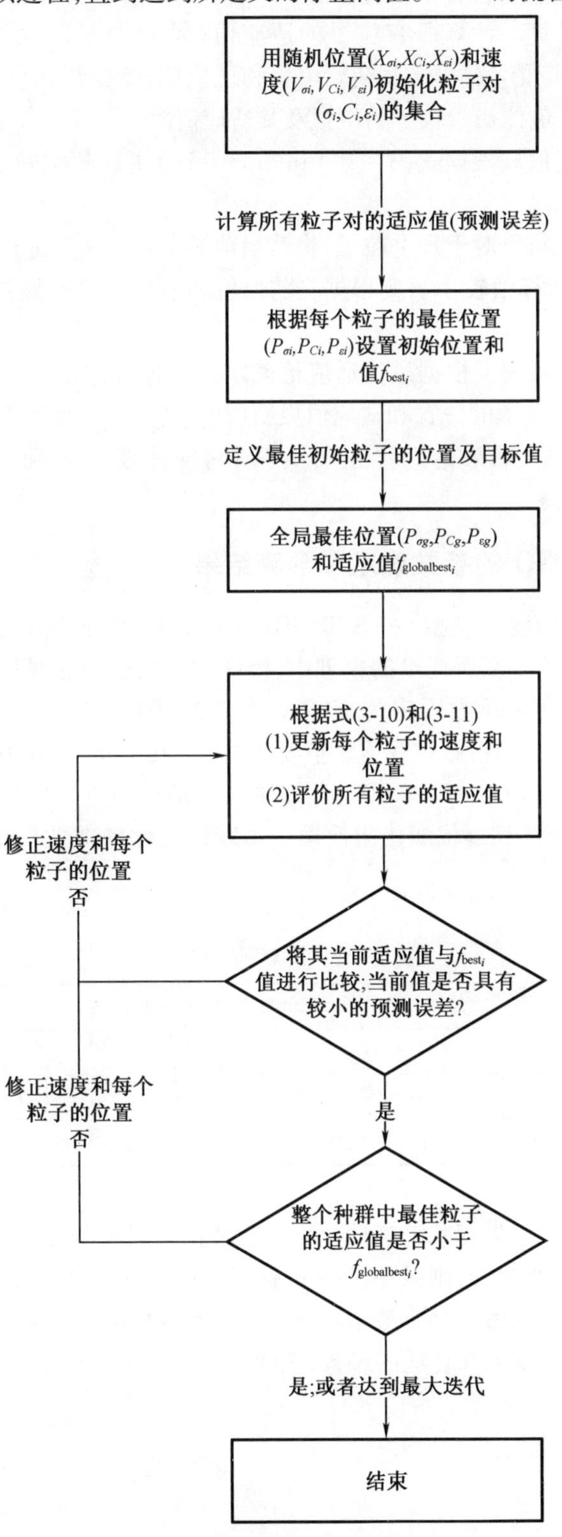

图3－10　PSO的流程图

步骤 1:初始化。初始化具有随机位置($X_{\sigma i}, X_{Ci}, X_{\varepsilon i}$)和速度($V_{\sigma i}, V_{Ci}, V_{\varepsilon i}$)的确定粒子群($\sigma_i, C_i, \varepsilon_i$),其中每个粒子包含 n 个变量。

步骤 2:适应值计算。计算所有粒子的适应值(预测误差)。令每个粒子的最佳位置($P_{\sigma i}, P_{Ci}, P_{\varepsilon i}$)及其适应值$f_{\mathrm{best}_i}$等于其初始位置和适应值;令全局最佳位置($P_{\sigma g}, P_{Cg}, P_{\varepsilon g}$)及其适应值$f_{\mathrm{globalbest}_i}$等于最佳初始粒子的位置及其适应值。

步骤 3:评估适应值。根据式(3 - 10)和式(3 - 11)更新每个粒子的速度和位置,并评估所有粒子的适应值。

步骤 4:比较和更新。对于每个粒子,将其当前适应值与f_{best_i}进行比较。如果当前适应值较好(即预测精度指标值较小),则根据当前位置和适应值更新最佳位置($P_{\sigma i}, P_{Ci}, P_{\varepsilon i}$)及其适应值。

步骤 5:最佳粒子确定。根据最佳适应值确定整个种群的最佳粒子。如果适应值小于$f_{\mathrm{globalbest}_i}$,则用当前最佳粒子的位置和适应值更新($P_{\sigma g}, P_{Cg}, P_{\varepsilon g}$)及其适应值。

步骤 6:停止准则。如果达到停止阈值(预测准确度),则确定($P_{\sigma g}, P_{Cg}, P_{\varepsilon g}$)及其$f_{\mathrm{globalbest}_i}$;否则,回到步骤 3。

3.4.2 基于 PSO 的参数确定及预测结果

下面讨论所提出的混合模型——SVRPSO(基于 PSO 进行 SVR 参数优选的方法)模型的建模过程及预报性能。在所提出的模型中,PSO 的参数是通过试验设置的,见表 3 - 13。种群规模为 20,功能评估总数固定为 10 000,每个粒子(σ, C, ε)的 q_1 和 q_2 分别设置为 0.05,100,0.5。σ 的 $v_{\max}$不得超过其搜索空间的 10%(其中 $\sigma \in [0,500]$)。C 的 $v_{\max}$不得超过其搜索空间的 12.5%($C \in [0,20\ 000]$)。ε 的 $v_{\max}$不得超过其搜索空间的 15%($\varepsilon \in [0,100]$)。标准粒子群算法在逐代演化中使用一个线性变化的惯性权重,从 1.2 开始搜索到 0.2 结束。

表 3 - 13 PSO 的参数设置

群体大小	最大迭代	速度极限						惯性权重 l		加速度系数					
		$-v_{\max}$			$v_{\max}$			$l_{\min}$	$l_{\max}$	q_1			q_2		
		σ	C	ε	σ	C	ε			σ	C	ε	σ	C	ε
20	10 000	-0.5	-2 500	-15	0.5	2 500	15	0.2	1.2	0.05	100	0.5	0.05	100	0.5

同样,在训练阶段,也采用基于滚动预测程序来获得训练阶段的预测负荷和训练误差。然后,如果训练误差有所改善,则采用 PSO 优化得到的 SVRPSO 模型的 3 个核心参数 σ、C 和 ε 来计算验证误差。调整后具有最小验证误差的参数也被选为最优参数。表 3 - 14 给出了 SVRPSO 模型的预测结果和合适的参数,表明了这两个模型在使用 25 个输入数据时表现最好。

表 3-14　SVRPSO 模型的参数确定

输入数据的编号	参数			测试的 MAPE /%
	σ	C	ε	
5	70.34	289.53	2.434 1	4.558
10	23.82	81.12	1.243 6	4.346
15	111.04	3 158.10	2.871 3	4.484
20	93.32	5 683.70	11.498 0	4.078
25	158.44	7 014.50	2.283 6	3.638

表 3-15 显示了 ARIMA(1,1,1)、GRNN(σ=3.33)、TF-ε-SVR-SA、SVRGA、SVRSA 和 SVRPSO 模型获得的实际值和预测值。将所提出的模型与其他对比模型计算得到的 MAPE 进行比较。SVRPSO 模型具有比其他对比模型更小的 MAPE。此外,为了验证与其他模型相比,SVRPSO 模型对提高精度的显著性,进行了 Wilcoxon 符号秩检验和渐近测试。测试结果分别显示在表 3-16 和表 3-17 中。显然,除了 GRNN 模型(在 Wilcoxon 检验中接受两个水平的显著性,但在渐近测试中 α=0.05 水平失败),SVRPSO 模型明显优于其他对比模型。图 3-11 展示了不同模型的预测精度。

表 3-15　ARIMA、GRNN、TF-ε-SVR-SA、SVRGA、SVRSA 和 SVRPSO 模型的预测结果

(单位:kW·h)

时间节点	实际值 ($\times10^8$)	ARIMA (1,1,1) ($\times10^8$)	GRNN (σ=3.33) ($\times10^8$)	TF-ε-SVR-SA ($\times10^8$)	SVRGA ($\times10^8$)	SVRSA ($\times10^8$)	SVRPSO ($\times10^8$)
2008 年 10 月	181.07	192.932	191.131	184.504	178.326	184.584	184.042
2008 年 11 月	180.56	191.127	187.827	190.361	178.355	185.412	183.577
2008 年 12 月	189.03	189.916	184.999	202.980	178.355	185.557	183.471
2009 年 1 月	182.07	191.995	185.613	195.753	178.356	185.593	184.210
2009 年 2 月	167.35	189.940	184.397	167.580	178.357	185.737	184.338
2009 年 3 月	189.30	183.988	178.988	185.936	178.358	184.835	183.725
2009 年 4 月	175.84	189.348	181.395	180.165	181.033	184.390	184.529
MAPE/%		6.044	4.636	3.799	3.676	3.810	3.638

表 3-16　Wilcoxon 符号秩检验

比较模型	Wilcoxon 符号秩检验	
	α=0.025 W=2	α=0.05 W=3
SVRPSO 与 ARIMA(1,1,1)	0*	0*
SVRPSO 与 GRNN(σ=3.33)	2*	2*
SVRPSO 与 TF-ε-SVR-SA	2*	2*

表 3-16(续)

比较模型	Wilcoxon 符号秩检验	
	$\alpha=0.025$ $W=2$	$\alpha=0.05$ $W=3$
SVRPSO 与 SVRGA	0*	0*
SVRPSO 与 SVRSA	1*	1*

注:* 表示 SVRPSO 模型显著优于其他对比模型。

表 3-17 渐近测试

比较模型	渐近(S_1)测试	
	$\alpha=0.05$	$\alpha=0.10$
SVRPSO 与 ARIMA(1,1,1)	$H_0:e_1=e_2$	$H_0:e_1=e_2$
	$S_1=-9.677;p=0.000$ (reject H_0)	$S_1=-9.677;p=0.000$ (reject H_0)
SVRPSO 与 GRNN($\sigma=3.33$)	$H_0:e_1=e_2$	$H_0:e_1=e_2$
	$S_1=-1.567;p=0.0586$ (not reject H_0)	$S_1=-1.567;p=0.0586$ (reject H_0)
SVRPSO 与 TF-ε-SVR-SA	$H_0:e_1=e_2$	$H_0:e_1=e_2$
	$S_1=-1.852;p=0.0320$ (reject H_0)	$S_1=-1.852;p=0.0320$ (reject H_0)
SVRPSO 与 SVRGA	$H_0:e_1=e_2$	$H_0:e_1=e_2$
	$S_1=5.863;p=0.000$ (reject H_0)	$S_1=5.863;p=0.000$ (reject H_0)
SVRPSO 与 SVRSA	$H_0:e_1=e_2$	$H_0:e_1=e_2$
	$S_1=-5.992;p=0.000$ (reject H_0)	$S_1=-5.992;p=0.000$ (reject H_0)

在本节中,PSO 的使用弥补了 GA 和 SA 的缺陷,即利用存储器来存储好的解决方案和使相互之间的信息可以共享。PSO 能够储存经验记忆,避免无效搜索路径,快速收敛。因此,与 SVRGA 和 SVRSA 模型相比,SVRPSO 获得了更好的预测性能。

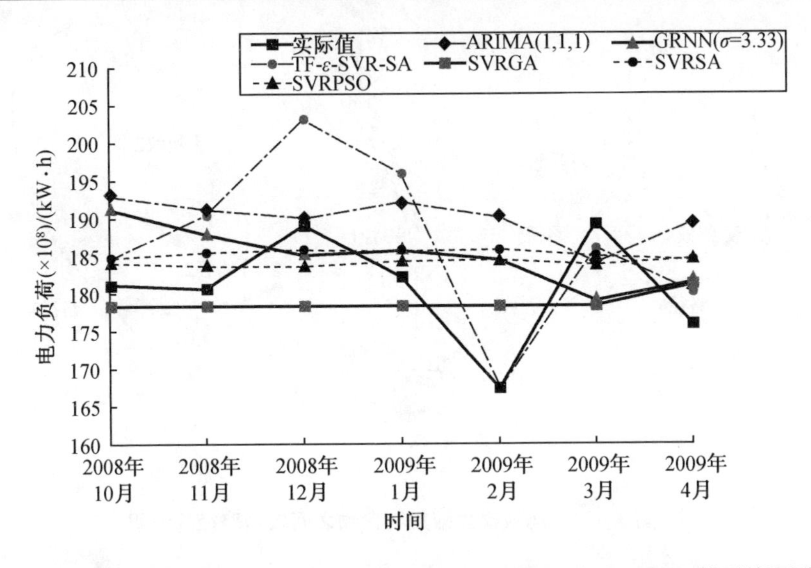

图3-11　ARIMA、GRNN、TF-ε-SVR-SA、SVRGA、SVRSA和SVRPSO模型的预测结果

3.5　基于CACO的参数确定

3.5.1　蚁群优化算法的基本概念

蚁群优化算法(ACO)首先由M. Dorigo等人提出。蚂蚁建立巢穴和食物之间较短路径的过程如图3-12所示。最初,蚂蚁以随机的方向离开巢穴寻找食物。当漫游时,蚂蚁留下一定数量的信息素踪迹,这可能被其他蚂蚁检测到。例如,假定蚂蚁1找到食物来源,它会捡起一些食物,沿着之前的信息素踪迹回巢,在同一条路径上放置额外的信息素,而其他蚂蚁(蚂蚁2、蚂蚁3……)仍然随机漫游。当第二只蚂蚁离开巢穴寻找食物时,这些蚂蚁在路径1上可以检测到两倍的信息素(路径2、路径3……)。由于路径选择的可能性是由其信息素量决定的,所以在第二轮寻找食物时,更多的蚂蚁将遵循路径1。这样,蚂蚁就能建立从巢穴到食物来源的最短路径。显然,即使一只孤立的蚂蚁随机漫游,它也可以通过信息素交流,遵循蚁群的集体行为。

ACO由于其强大的学习和搜索能力,已被成功地用于处理不同的组合优化问题,包括作业车间调度、旅行商问题、空间规划、二次分配问题和数据挖掘。ACO模仿蚁群寻找食物时的行为,每只蚂蚁将信息素放在通往食物源或返回巢穴的道路上,信息素更多的路径更有可能被其他蚂蚁选中,随着时间的推移,蚁群将选择通往食物来源和返回巢穴的最短路径。因此,信息素的踪迹是个体嗅觉和选择路线最重要的工序。同时,ACO最初被提出用于离散优化,并且其在连续优化问题中的应用需要一些指定的转换技术。文献中只提出了连续优化的几种方法,如连续ACO、API和连续交互ACO。然而,这些算法增加了一些超出ACO基本规则的运行机制。K. Socha等应用连续概率密度函数来决定信息素概率选择,将ACO扩展到连续域。

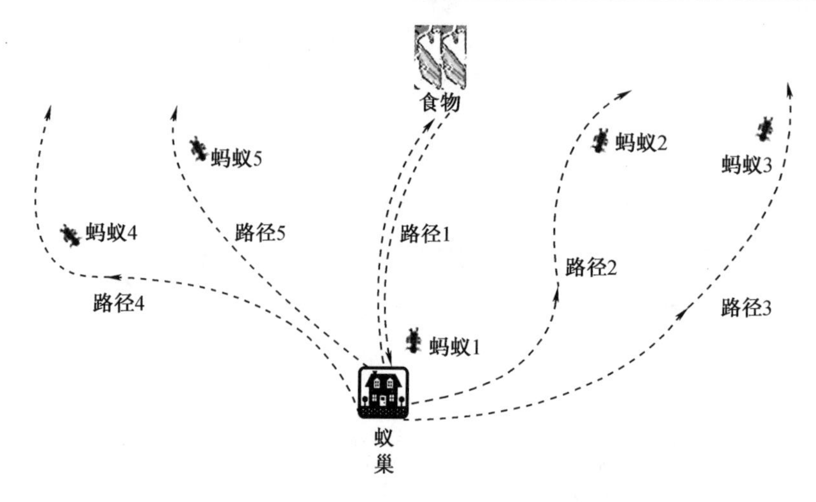

图 3－12　蚂蚁建立蚁巢与食物之间较短路径的说明

3.5.2　连续转换

通过连续决策变量的离散化，将连续搜索空间变换为离散的概念是可行的，这就是所谓的连续 ACO（CACO）。在本书中，对旅行商问题的 CACO 进行了修改，以在离散搜索空间中确定 SVR 模型的 3 个参数。蚂蚁 k 从城市 i 移动到城市 j 的概率 $P_k(i,j)$ 表示为

$$P_k(i,j)=\begin{cases}\arg\max\limits_{S\in M_k}\{[\tau(i,S)]^{\alpha}[\eta(i,S)]^{\beta}\} & q\leqslant q_0\\ \text{Eq. (3.25)} & \text{其他}\end{cases}\tag{3-12}$$

$$P_k(i,j)=\begin{cases}\dfrac{[\tau(i,j)]^{\alpha}[\eta(i,j)]^{\beta}}{\sum\limits_{S\in M_k}[\tau(i,S)]^{\alpha}[\eta(i,S)]^{\beta}} & j\notin M_k\\ 0 & \text{其他}\end{cases}\tag{3-13}$$

其中，$\tau(i,j)$ 是城市 i 与城市 j 之间的信息素水平；$\eta(i,j)$ 是城市 i 与城市 j 之间距离的倒数；α 和 β 是决定信息素水平相对重要的参数；M_k 是城市矩阵下一列的一组城市；q 是随机均匀变量$[0,1]$；q_0 是 0 和 1 之间的常数，即 $q_0\in[0,1]$。α、β 和 q_0 的值分别设定为 8，5，0.2。在本书中，预测误差代表城市之间的距离。

一旦蚂蚁完成出行，蚂蚁存放信息素最多的访问路径便被认为是从巢到食物源的最佳路径。因此，信息素动态更新在实际蚁群搜索行为中起着主要作用。信息素的局部和全局更新规则表示为

$$\tau(i,j)=(1-\rho)\tau(i,j)+\rho\tau_0\tag{3-14}$$

$$\tau(i,j)=(1-\delta)\tau(i,j)+\delta\Delta\tau(i,j)\tag{3-15}$$

其中，ρ 是信息素的局部蒸发率，$0<\rho<1$；τ_0 是每个路径上沉积的信息素的初始量。在本书中，ρ 的值设为 0.01。另外，由 M. Dorigo 等提出的方法所产生的信息素 τ_0 的初始量表示为

$$\tau_0=\frac{1}{nL_{nn}}\tag{3-16}$$

其中，n 是城市的数量；L_{nn} 是最近蚂蚁启发式产生的旅游长度。

根据式（3－17）进行全局跟踪更新。δ 是全局信息素衰变参数，$0<\delta<1$，本书设定为 0.2。$\Delta\tau(i,j)$ 表示用来增加目的路径上的信息素，如式（3－17）所示

$$\Delta\tau(i,j)=\begin{cases}\dfrac{1}{L} & (i,j)\in \text{global best route(最佳路线)}\\ 0 & \text{其他}\end{cases} \tag{3-17}$$

其中,L 是最短路线的长度。

3.5.3　连续蚁群优化算法(CACO)的进化流程

CACO 的进化流程如图 3-13 所示。

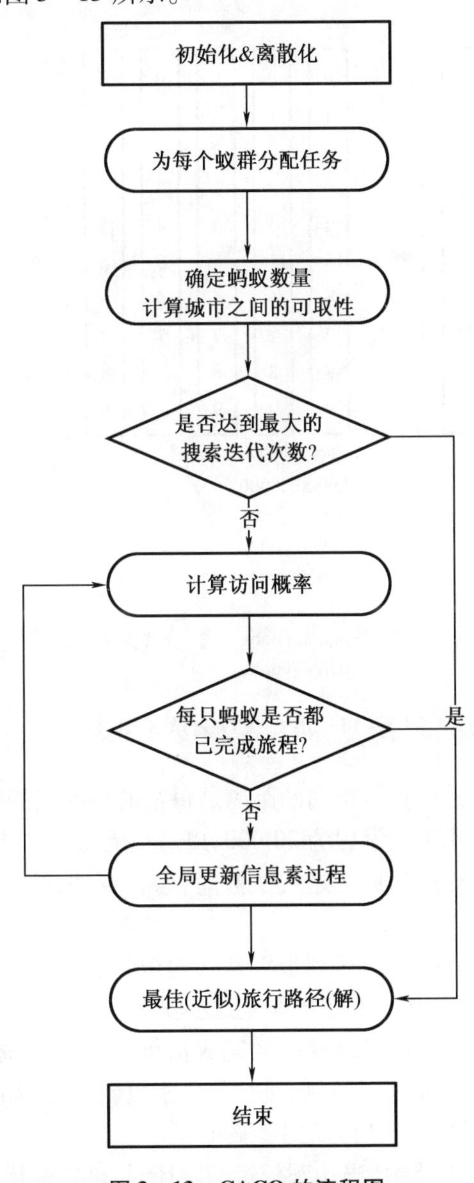

图 3-13　CACO 的流程图

步骤1:初始化。设置3个SVR参数 σ、C 和 ε 的上界。在本书中,为了离散这些连续的参数,参数的每个数字由10个城市表示。因此,每个数字包含从0到9的10个可能的值。假定参数 σ、C 和 ε 的极限分别为500,10 000,100,代表每个参数的位数都被设置为6。因此,将3个蚁群定义为用于3个参数值搜索的 σ-蚁群、C-蚁群和 ε-蚁群。每个蚁群的城市数量为 40 个,城市总数为 120 个。

步骤 2:为每个蚁群分配任务。从第一步开始,将生成每个蚁群的路径结构列表。图 3－14 显示了本书中 CACO 和路径结构列表所代表的参数。每只蚂蚁将从其关联群落中的路径列表中随机选择一条路径,并记住所表示的参数的值。在通路结束时,将 3 个参数值传递给 SVR 模型(即适应函数)并计算预测误差。每个搜索循环中最短的行程路径将根据较小的预测误差来确定。在本书中,将 MAPE 用于衡量预测误差,由式(3－1)计算。

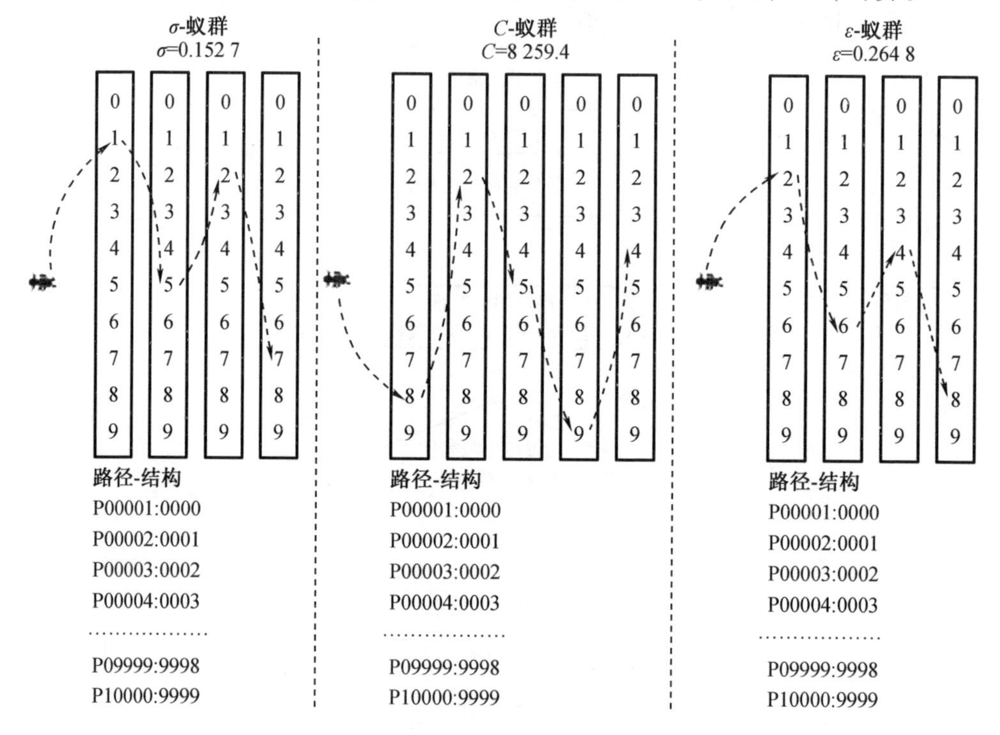

图 3－14　用 CACO 表示 SVR 参数

步骤 3:确定蚂蚁数量并计算城市间的距离。每个蚁群搜索的蚂蚁数为 10,每次迭代搜索的蚂蚁数为 30。最大迭代次数设置为 20 000,以避免无限次迭代。

步骤 4:停止准则Ⅰ。当达到最大迭代次数时,停止算法,蚁群的最短路径是近似最优解。否则,继续步骤 4。

步骤 5:计算访问概率。如果未达到最大迭代次数,则根据式(3－12)计算城市 i 中的一只蚂蚁 k 移动到城市 j 的概率。重复步骤 1 到步骤 3。

步骤 6:停止标准Ⅱ。如果每只蚂蚁已经完成从巢跨越所有城市到达食物源的路径结构列表,则最短路径是近似最优解。否则,进行信息素更新工序,如式(3－14)所示,并用式(3－15)来更新信息素的增加。然后,回到步骤 4。

需要注意的是,在任何迭代中,当达到较短的路径时,确定最优解,并且对于这 3 个参数再重新分配到新的搜索空间。CACO 用于寻找 SVR 中 3 个参数更好的组合,从而在预测迭代期间获得更小的 MAPE。

3.5.4　基于 CACO 的参数确定及预测结果

下面讨论所提出的混合模型——SVRCACO(基于 CACO 进行 SVR 参数优选的方法)模

型的建模过程及预报性能。同样,在训练阶段,也采用基于滚动的预测程序来获得训练阶段的预测负载和训练误差。然后,如果训练误差得到改善,则采用 CACO 调整的 SVRCACO 模型的 3 个核心参数 σ、C 和 ε 来计算验证误差。调整后具有最小验证误差的参数被选为最优参数。表 3－18 列出了 SVRCACO 模型的预测结果和合适的参数,表明这个模型在使用 25 个输入数据时表现最好。

表 3－18　SVRCACO 模型的参数确定

输入数据的编号	参数			测试的 MAPE /%
	σ	C	ε	
5	1.49	322.92	6.777 8	5.623
10	159.76	198.03	4.521 9	5.076
15	12.81	114.24	0.003 5	4.510
20	22.99	7 233.00	13.764 0	4.003
25	243.55	6 868.10	11.248 0	3.371

表 3－19 展示了 ARIMA(1,1,1)、GRNN(σ = 3.33)、TF－ε－SVR－SA、SVRPSO 和 SVRCACO 模型获得的实际值和预测值。将所提出的模型与其他对比模型计算得到的 MAPE 进行比较。所提出的 SVRCACO 模型具有比其他对比模型更小的 MAPE。此外,为了验证提出模型优越于其他对比模型的显著性,开展了 Wilcoxon 符号秩检验和渐近测试,测试结果分别显示在表 3－20 和表 3－21 中。显然,SVRCACO 模型次优于 GRNN 模型,在 Wilcoxon 符号秩检验中仅选用 α = 0.05 水平显著,在渐近测试中两个水平都失败;SVRCACO 模型不完全显著优于 SVRPSO 模型,仅在 Wilcoxon 符号秩检验中得到两个水平的显著性,但均在渐近测试中失败。除了 GRNN 模型与 SVRPSO 模型,SVRCACO 模型显著优于其他对比模型。图 3－15 表明了不同模型的预测精度。

表 3－19　ARIMA、GRNN、TF－ε－SVR－SA、SVRPSO 和 SVRCACO 模型的预测结果

(单位:kW · h)

时间节点	实际值 ($\times10^8$)	ARIMA (1,1,1) ($\times10^8$)	GRNN (σ=3.33) ($\times10^8$)	TF－ε－SVR－SA ($\times10^8$)	SVRPSO ($\times10^8$)	SVRCACO ($\times10^8$)
2008 年 10 月	181.07	192.932	191.131	184.504	184.042	180.876
2008 年 11 月	180.56	191.127	187.827	190.361	183.577	182.122
2008 年 12 月	189.03	189.916	184.999	202.980	183.471	184.610
2009 年 1 月	182.07	191.995	185.613	195.753	184.210	185.233
2009 年 2 月	167.35	189.940	184.397	167.580	184.338	185.274

表 3-19(续)

时间节点	实际值 ($\times 10^8$)	ARIMA (1,1,1) ($\times 10^8$)	GRNN ($\sigma=3.33$) ($\times 10^8$)	TF-ε-SVR-SA ($\times 10^8$)	SVRPSO ($\times 10^8$)	SVRCACO ($\times 10^8$)
2009 年 3 月	189.30	183.988	178.988	185.936	183.725	184.247
2009 年 4 月	175.84	189.348	181.395	180.165	184.529	184.930
MAPE/%		6.044	4.636	3.799	3.638	3.371

表 3-20 Wilcoxon 符号秩检验

比较模型	Wilcoxon 符号秩检验	
	$\alpha=0.025$ $W=2$	$\alpha=0.05$ $W=3$
SVRCACO 与 ARIMA(1,1,1)	1*	1*
SVRCACO 与 GRNN($\sigma=3.33$)	3	2*
SVRCACO 与 TF-ε-SVR-SA	2*	2*
SVRCACO 与 SVRPSO	2*	2*

注：* 表示 SVRCACO 模型显著优于其他对比模型。

表 3-21 渐近测试

比较模型	渐近(S_1)测试	
	$\alpha=0.05$	$\alpha=0.10$
SVRCACO 与 ARIMA(1,1,1)	$H_0:e_1=e_2$	$H_0:e_1=e_2$
	$S_1=-7.174;p=0.000$ (reject H_0)	$S_1=-7.174;p=0.000$ (reject H_0)
SVRCACO 与 GRNN($\sigma=3.33$)	$H_0:e_1=e_2$	$H_0:e_1=e_2$
	$S_1=-1.201;p=0.1149$ (not reject H_0)	$S_1=-1.201;p=0.1149$ (not reject H_0)
SVRCACO 与 TF-ε-SVR-SA	$H_0:e_1=e_2$	$H_0:e_1=e_2$
	$S_1=-2.018;p=0.0218$ (reject H_0)	$S_1=-2.018;p=0.0218$ (reject H_0)
SVRCACO 与 SVRPSO	$H_0:e_1=e_2$	$H_0:e_1=e_2$
	$S_1=0.6341;p=0.263$ (not reject H_0)	$S_1=0.6341;p=0.263$ (not reject H_0)

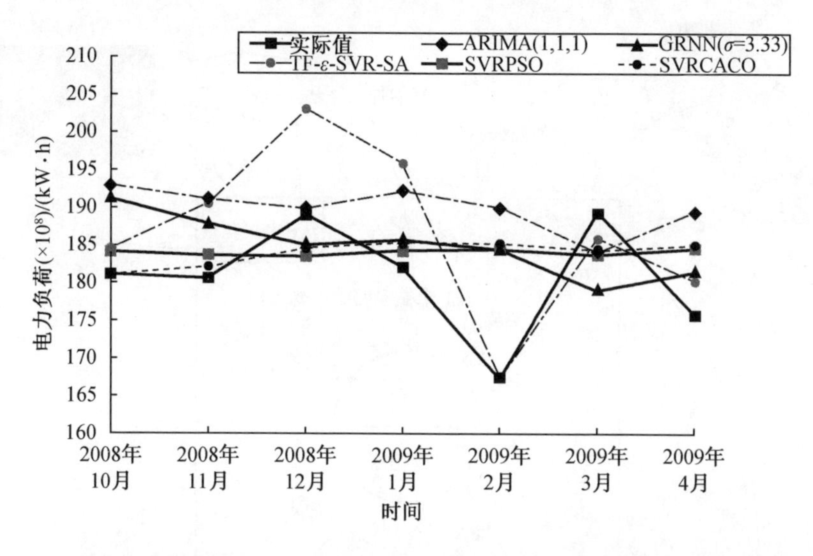

图3-15　ARIMA、GRNN、TF-ε-SVR-SA、SVRPSO和SVRCACO模型的预测结果

在本节中,CACO被用来克服GA和SA的缺点,即利用内存来存储最优解和彼此共享信息。CACO具有存储学习/搜索经验和反馈的机制,以建立蚁巢与食物之间的较短路径(即具有较小预测误差的SVR模型的最优参数组合)。因此,与SVRGA和SVRSA模型相比,SVRCACO模型预测性能更好;与SVRPSO模型相比,SVRCACO模型有可能提供一些有竞争力的解决方案。

3.6　基于ABC的参数确定

3.6.1　蜜蜂行为特征

人工蜂群算法(ABC)是由N. Karaboga等提出的,其灵感来源于蜜蜂群的智能捕食行为。众所周知,许多优化算法在一个迭代时间内只进行一次搜索进化,例如PSO先进行全局搜索,后进行局部搜索。而ABC则能在一次迭代时间内进行全局搜索和局部搜索,在很大程度上确保ABC具有更高的概率,得到更合适的参数组合,从而有效避免局部最优。与GA、差分进化算法和PSO相比,ABC在优化问题上表现更优。

蜜蜂社会的整个结构依赖于蜜蜂之间的各种交流方式,如通过摇摆舞和特殊气味很容易找到花蜜含量较高的食物。为了介绍这种蜂群产生群体智慧的最小搜索模型,定义了3个组成要素:食物源、被雇佣的蜜蜂和未被雇佣的蜜蜂。此外,还包括两种最为基本的行为模型:食物源招募蜜蜂和放弃某个食物源。

1. 食物源(图3-16中的A和B)

食物源的价值由多方面的因素决定,如距离蜂巢的远近、含有花蜜的丰富程度和获得花蜜的难易程度等。使用单一的参数——食物源的“收益率”来代表以上各个因素。

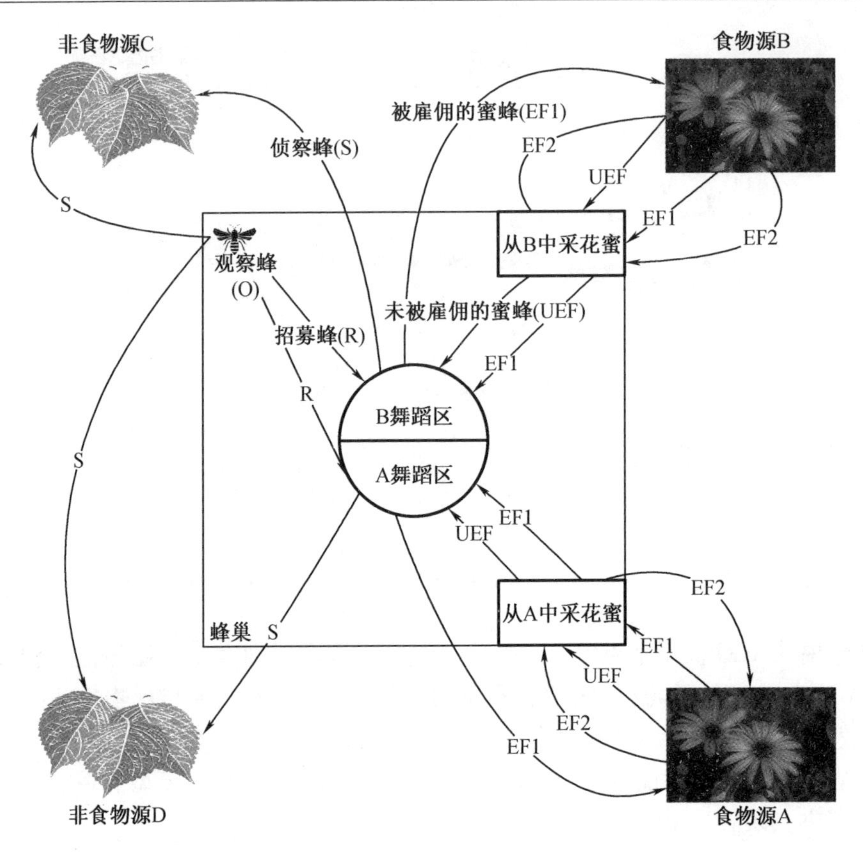

图 3 – 16　蜜蜂采蜜的行为

2. 未被雇佣的蜜蜂(图 3 – 16 中的 UEF)

假设一只蜜蜂在搜寻领域对食物源没有任何先验知识,则将其初始化作为一只未被雇佣的蜜蜂。未被雇佣的蜜蜂将寻找一个可以利用的食物源。有 3 种类型的未被雇佣的蜜蜂:侦察蜂、观察蜂和招募蜂。

(1)侦察蜂(图 3 – 16 中的 S),没有任何先验知识,自发地寻找巢穴周围的新食物源。在自然条件下,侦察蜂的平均数量约为蜜蜂总数的 10% 。

(2)观察蜂(图 3 – 16 中的 O),在巢中等待,并从被雇佣的蜜蜂的共享信息中找到食物源。观察蜂选择更有利可图的来源的可能性更大。

(3)招募蜂(图 3 – 16 中的 R),如果观察蜂参加一些其他蜜蜂的摆动舞蹈,这些观察蜂将成为招募蜂,并通过使用从摆动舞蹈获得的(共享的)知识开始进行搜索。

3. 被雇佣的蜜蜂(图 3 – 16 中的 EF1、EF2)

其与所采集的食物源一一对应。被雇佣的蜜蜂储存有某一个食物源的相关信息(相对于蜂巢的距离、方向、食物源的丰富程度等),并且将这些信息以一定的概率与其他蜜蜂分享。当被雇佣的蜜蜂从食物源装载一部分花蜜后返回蜂箱,并将花蜜卸到蜂巢的食物区。然后,觅食蜜蜂可能产生 3 种与花蜜的残留量有关的行为。

(1)成为未被雇佣的蜜蜂。如果花蜜量降低到临界水平或耗尽,觅食的蜜蜂就会放弃食物源,成为一个未被雇佣的蜜蜂。

(2)成为被雇佣的蜜蜂 1 型(图 3 – 16 中的 EF1)。觅食的蜜蜂可以到舞蹈区域表演摇摆舞,以告知巢穴内的同伴食物源。

(3)成为被雇佣的蜜蜂2型(图3－16中的EF2)。与前相反,如果食物源中仍有足够数量的花蜜,觅食的蜜蜂可以继续觅食,而不需要向巢穴传播食物源信息。

蜜蜂之间的信息交流是蜜蜂整个社会结构中最重要的组成部分。蜜蜂之间主要通过舞蹈来交流蜜源的质量,这种舞蹈被称为摇摆舞,它将提供与食物源的方向和距离等相关的信息。被雇佣的蜜蜂以一种与食物源的利润成正比的概率分享它们的信息。因此,雇用蜜蜂数与食品来源的利润率成正比。

3.6.2　ABC的进化流程

ABC的流程如图3－17所示。

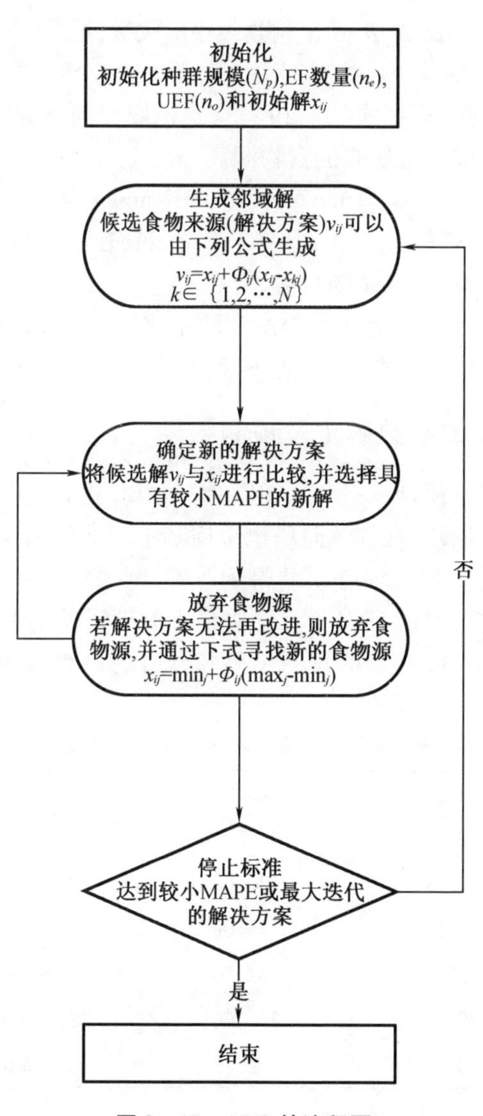

图3－17　ABC的流程图

步骤1:初始化。初始化种群大小为 N_p,被雇佣蜜蜂(EF)的数量为 n_e,未被雇佣的蜜蜂(UEF,观察蜂)的数量为 n_0,三者满足条件 $N_p = n_e + n_0$,设 $x_{ij}(i = 1,2,\cdots,N_p;j = 1,2,\cdots,D)$ 表示 SVR 模型中参数组合的初始解,其中 D 为参数的个数。这里 D 被设置为 3。

步骤2:食物来源确定的标准。基于 ABC,选择观察蜂的食物来源取决于与食物来源相关的概率值。然而,为了提高预测调查的准确性,观察蜂将根据 MAPE 选择食物源,如式(3-1)。

步骤3:生成邻近的食物源(潜在的解决方案)。旧的解决方案 x_{ij} 可以生成一个候选食物来源(解决方案) v_{ij},公式为

$$v_{ij} = x_{ij} + \Phi_{ij}(x_{ij} - x_{kj}) \tag{3-18}$$

其中,$k \in \{1,2,\cdots,N\}$ 是随机选择的指数,k 必须和 i 不同;Φ_{ij} 是范围[-1,1]中的一个随机数。如果候选解 v_{ij} 的 MAPE 等于或小于 x_{ij},那么 v_{ij} 将被设置为新的解决方案;否则,x_{ij} 将继续作为解决方案。ABC 中的参数 Φ_{ij} 是影响收敛性的关键因素。

步骤4:确定被遗弃的食物源。如果解决方案无法通过预定的临界值(有限次的迭代)得到改善,则弃用该食物源。根据式(3-19),这只被雇佣的蜜蜂将重新成为一名侦察蜂,寻找另一个新的食物源来取代被遗弃的食物源。

$$x_{ij} = \min_j + \Phi_{ij}(\max_j - \min_j) \tag{3-19}$$

其中,$\max_j$ 是最大解,即 $\max_j = \max\{x_{1j},x_{2j},\cdots,x_{Nj}\}$;$\min_j$ 表示最小解,即 $\min_j = \min\{x_{1j},x_{2j},\cdots,x_{Nj}\}$;$\Phi_{ij}$ 是[-1,1]范围内的一个随机数。

步骤5:停止标准。如果新食物源的 MAPE 较小或达到最大迭代次数,则新的 3 个参数 $x_{\mathrm{i}}^{(n+1)}$,及其相应的目标值即为最终解;否则,转到下一个迭代,返回步骤 2。

3.6.3 基于 ABC 的参数确定及预测结果

下面讨论所提出的混合模型——SVRABC(基于 ABC 进行 SVR 参数优选的方法)模型的建模过程及预报性能。同样,在训练阶段也采用基于滚动预测程序的方法来获得训练阶段的预测负荷和训练误差。如果训练误差得到改善,则采用 ABC 调整的 SVRABC 模型的 3 个核心参数 σ、C 和 ε 来计算验证误差。选取最小验证误差的调整参数作为最合适的参数。表 3-22 给出了 SVRABC 模型的预测结果和合适的参数,表明当使用 25 个输入数据时,这个模型表现最好。

表 3-22 SVRABC 模型的参数确定

输入数据的编号	参数			测试的 MAPE /%
	σ	C	ε	
5	115.78	130.01	2.954 2	3.812
10	193.26	44.08	2.447 6	3.665
15	30.27	9 652.50	12.764 0	3.509
20	620.15	4 246.00	13.182 0	3.588
25	38.35	4 552.10	16.845 0	3.458

对可供选择的模型之间的简化比较,不考虑 SVRGA、SVRSA 和 SVRGASA 模型预测的准确度水平,SVRCACO 模型也不包含 CACO 和 ABC 之间的微小关系。表 3-23 显示了使

用 ARIMA(1,1,1)、GRNN($\sigma=3.33$)、TF - ε - SVR - SA、SVRPSO 和 SVRABC 模型获得的实际值和预测值。MAPE 的计算方法是将提出的模型与其他对比模型进行比较。所提出的 SVRABC 模型具有比其他模型更小的 MAPE。此外,为了验证 SVRABC 模型与其他模型相比准确性显著程度,开展了 Wilcoxon 符号秩检验和渐近测试。测试结果分别显示在表 3 - 24 和表 3 - 25 中,显然 SVRABC 模型明显优于其他对比模型。图 3 - 18 给出了不同模型的预测精度。

表 3 - 23　ARIMA、GRNN、TF - ε - SVR - SA、SVRPSO 和 SVRABC 模型的预测结果

(单位:kW · h)

时间节点	实际值 ($\times10^8$)	ARIMA (1,1,1) ($\times10^8$)	GRNN ($\sigma=3.33$) ($\times10^8$)	TF - ε - SVR - SA ($\times10^8$)	SVRPSO ($\times10^8$)	SVRABC ($\times10^8$)
2008 年 10 月	181.07	192.932	191.131	184.504	184.042	184.498
2008 年 11 月	180.56	191.127	187.827	190.361	183.577	183.372
2008 年 12 月	189.03	189.916	184.999	202.980	183.471	183.323
2009 年 1 月	182.07	191.995	185.613	195.753	184.210	183.549
2009 年 2 月	167.35	189.940	184.397	167.580	184.338	183.774
2009 年 3 月	189.30	183.988	178.988	185.936	183.725	183.999
2009 年 4 月	175.84	189.348	181.395	180.165	184.529	183.420
MAPE/%		6.044	4.636	3.799	3.638	3.458

表 3 - 24　Wilcoxon 符号秩检验

比较模型	Wilcoxon 符号秩检验	
	$\alpha=0.025$ $W=2$	$\alpha=0.05$ $W=3$
SVRABC 与 ARIMA(1,1,1)	1*	1*
SVRABC 与 GRNN($\sigma=3.33$)	2*	2*
SVRABC 与 TF - ε - SVR - SA	2*	2*
SVRABC 与 SVRPSO	2*	2*

注: * 表示 SVRABC 模型显著优于其他预测模型。

表 3 - 25　渐近测试

比较模型	渐近(S_1)测试	
	$\alpha=0.05$	$\alpha=0.10$
SVRABC 与 ARIMA(1,1,1)	$H_0: e_1=e_2$	$H_0: e_1=e_2$
	$S_1=-13.231; p=0.000$ (reject H_0)	$S_1=-13.231; p=0.000$ (reject H_0)

表 3-25(续)

比较模型	渐近(S_1)测试	
	$\alpha=0.05$	$\alpha=0.10$
SVRABC 与 GRNN($\sigma=3.33$)	$H_0:e_1=e_2$	$H_0:e_1=e_2$
	$S_1=-2.257;p=0.011\ 99$ (reject H_0)	$S_1=-2.257;p=0.011\ 99$ (reject H_0)
SVRABC 与 TF-ε-SVR-SA	$H_0:e_1=e_2$	$H_0:e_1=e_2$
	$S_1=-2.066;p=0.019\ 4$ (reject H_0)	$S_1=-2.066;p=0.019\ 4$ (reject H_0)
SVRABC 与 SVRPSO	$H_0:e_1=e_2$	$H_0:e_1=e_2$
	$S_1=-2.723;p=0.003\ 2$ (reject H_0)	$S_1=-2.723;p=0.003\ 2$ (reject H_0)

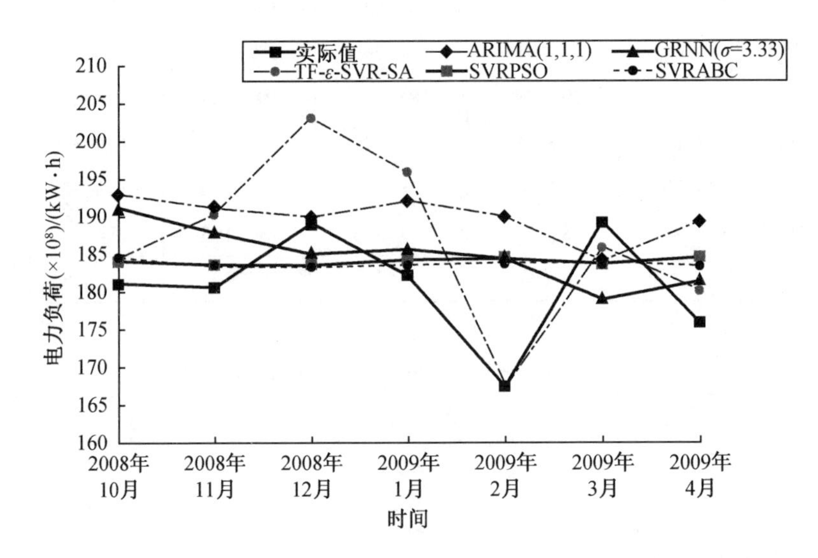

图 3-18　ARIMA、GRNN、TF-ε-SVR-SA、SVRPSO 和 SVRABC 模型的预测结果

在这一小节中，ABC 用于克服 PSO 的不足(只在初始阶段进行全局搜索和后期搜索)，即在一次迭代过程中进行全局搜索和局部搜索，以丰富搜索行为，避免陷入局部最优。因此，SVRABC 模型可获得比 SVRPSO 模型更好的预测性能，并能提供与 SVRCACO 模型相比较的潜在解决方案。

3.7 基于IA的参数确定

3.7.1 IA的进化程序

IA由K. Mori等提出,是基于自然免疫系统的一种学习机制。IA和GA、SA、PSO一样,也是一种基于种群的进化算法,因此它提供了一套探索和开发搜索空间的解决方案,以获得最优/近似最优解。自然免疫系统是一种复杂的自适应系统,能有效地利用多种机制来识别体内的所有细胞,并将这些细胞归类为自我或非自我。此外,非自我细胞进一步分类,以刺激适当的防御机制,防御外来入侵者(如细菌和病毒)的入侵。淋巴细胞是免疫细胞参与免疫应答的主要类型。淋巴细胞又包括T细胞、B细胞和自然杀伤细胞。当抗原进入血液和淋巴系统时,遇到B细胞,而在B细胞膜中固定的抗体会识别抗原。T细胞已经从巨噬细胞接收到有关抗原的信息,然后与B细胞相互作用并刺激其增殖。增殖的B细胞变成记忆细胞并产生抗体。抗体通过心脏进入血液后,与抗原结合并在巨噬细胞和其他蛋白质的帮助下杀死抗原。

与自然免疫系统类似,IA也有能力找出最优化问题的最佳解决方案。在IA程序中,优化问题可以看作抗原。相反地,最优化问题的可行解决方案被视为抗体(B细胞)。IA算法的流程如图3-19所示。

步骤1:抗体种群的随机初始化。初始抗体种群由随机生成的二进制代码字符串表示,是包括3个参数(σ、C、ε)的SVR模型。例如,假设一个抗体用12个二进制代码来表示3个SVR参数,这样每个参数都用4个二进制代码表示。假设参数σ、C、ε的集合边界分别为2,10,0.5,那么具有二进制代码"1 0 0 1 0 1 0 1 0 0 1 1"意味着3个参数σ、C、ε的实际值分别是1.125,3.125,0.093 75。初始抗体的数量与存储器单元的大小相同。本书中存储单元的大小设置为10。

步骤2:确定亲和性和相似性。更高的亲和力值意味着抗体对抗原具有更高的活性。为了维持存储在记忆细胞中的抗体的多样性,具有较低相似性的抗体被纳入记忆细胞的可能性更高。因此,具有较高亲和力值和较低相似值的抗体进入记忆细胞的可能性较高。抗体与抗原之间的亲和力定义为

$$Ag_k = \frac{1}{(1 + d_k)} \tag{3-20}$$

其中,d_k表示由抗体k获得的SVR预测误差。

抗体之间的相似性表示为

$$Ab_{ij} = \frac{1}{(1 + T_{ij})} \tag{3-21}$$

其中,T_{ij}表示由内部(存在)和外部(将进入)存储器单元中的抗体获得的两个SVR预测误差之间的差异。

步骤3:记忆细胞中抗体的选择。具有较高Ag_k值的抗体被认为是进入记忆细胞的潜在候选者。然而,具有超过一定临界值的Ab_{ij}值的潜在抗体候选体不具备进入记忆细胞的条件。这里临界值设置为0.9。

步骤4:抗体种群的交叉和变异。新的抗体是通过交叉和变异进化产生的。为了执行交叉进化,表示抗体的字符串是随机配对的。此外,两个确定的断点之间的配对字符串被交换。通过将“1”代码转换成“0”代码或将“0”代码转换成“1”代码,随机执行突变。交叉和变异是用概率来描述的。在本书预测中,交叉和变异的概率分别为0.5和0.1。

步骤5:停止标准。如果几次迭代的数量等于一个给定的比例,那么最好的抗体就是一个解决方案,否则返回到步骤2。

IA用来寻求SVR中3个参数的更好的组合。MAPE作为预测误差的最小值,以确定SVR模型中使用的合适参数,由式(3-1)计算得出。

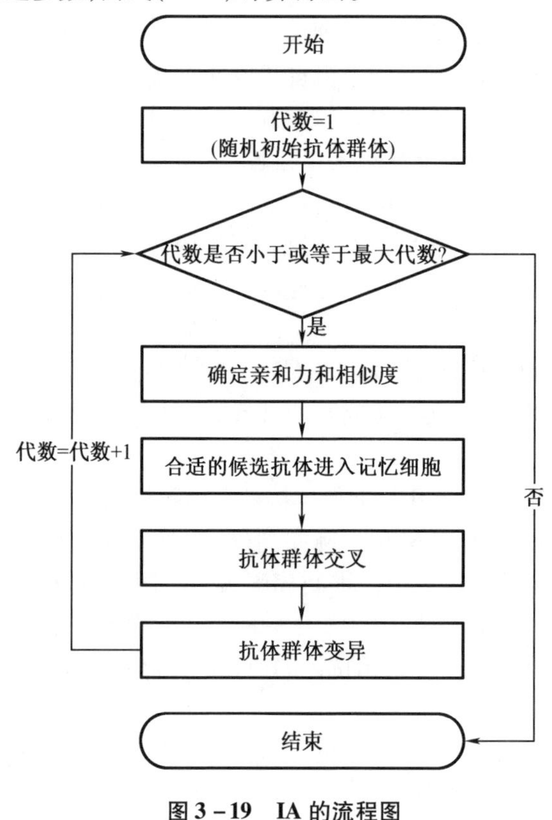

图3-19　IA的流程图

3.7.2　基于IA的参数确定及预测结果

下面讨论所提出的混合模型——SVRIA(基于IA进行SVR参数优选的方法)模型的建模过程及预报性能。同样,在训练阶段也采用基于滚动预测的方法获得预测负荷和训练误差。如果训练误差得到改善,则采用IA调整SVRIA模型的3个核心参数σ、C和ε来计算验证误差。选取最小验证误差的调整参数作为最合适的参数。对SVRIA模型的预测结果和合适的参数见表3-26,说明这种模型在输入25个数据时是最佳的。

表3－26　SVRIA模型参数的确定

输入数据的编号	参数			测试的MAPE /%
	σ	C	ε	
5	758.12	409.33	3.773 6	4.940
10	11.74	180.91	0.672 8	4.079
15	43.21	2 367.70	13.525 0	3.504
20	282.38	2 365.50	2.439 7	3.880
25	149.93	4 293.10	9.479 0	3.211

为了简化对比预测模型，SVRGA、SVRSA、SVRGASA和SVRPSO模型不考虑由于其规律预测的精度水平。表3－27显示了ARIMA(1,1,1)、GRNN($\sigma=3.33$)、TF－ε－SVR－SA、SVRCACO、SVRABC和SVRIA模型得到的实际值和预测值。MAPE的计算方法是将提出的模型与其他对比模型进行比较。提出的SVRIA模型比其他对比模型具有更小的MAPE。此外，为了验证SVRIA模型与其他对比模型相比精度提高的显著性，还进行了Wilcoxon符号秩检验和渐近测试，结果分别显示在表3－28和表3－29中。显然，除了SVRABC模型，SVRIA模型几乎明显优于其他对比模型（Wilcoxon符号秩检验中只有$\alpha=0.05$水平显著，在渐近测试中两个水平都失败）。不同模型之间的预测精度如图3－20所示。

表3－27　ARIMA、GRNN、TF－ε－SVR－SA、SVRCACO、SVRABC和SVRIA模型的预测结果

（单位：kW·h）

时间节点	实际值 ($\times10^8$)	ARIMA (1,1,1) ($\times10^8$)	GRNN ($\sigma=3.33$) ($\times10^8$)	TF－ε－SVR－SA ($\times10^8$)	SVRCACO ($\times10^8$)	SVRABC ($\times10^8$)	SVRIA ($\times10^8$)
2008年10月	181.07	192.932	191.131	184.504	180.876	184.498	181.322
2008年11月	180.56	191.127	187.827	190.361	182.122	183.372	181.669
2008年12月	189.03	189.916	184.999	202.980	184.610	183.323	183.430
2009年1月	182.07	191.995	185.613	195.753	185.233	183.549	183.964
2009年2月	167.35	189.940	184.397	167.580	185.274	183.774	184.030
2009年3月	189.30	183.988	178.988	185.936	184.247	183.999	182.829
2009年4月	175.84	189.348	181.395	180.165	184.930	183.420	183.463
MAPE/%		6.044	4.636	3.799	3.371	3.458	3.211

表 3－28　Wilcoxon 符号秩检验

比较模型	Wilcoxon 符号秩检验	
	$\alpha=0.025$ $W=2$	$\alpha=0.05$ $W=3$
SVRIA 与 ARIMA(1,1,1)	0^*	0^*
SVRIA 与 GRNN($\sigma=3.33$)	2^*	2^*
SVRIA 与 TF－ε－SVR－SA	2^*	2^*
SVRIA 与 SVRCACO	1^*	1^*
SVRIA 与 SVRABC	3	3^*

注：* 表示 SVRIA 模型显著优于其他对比模型。

表 3－29　渐近测试

比较模型	渐近(S_1)测试	
	$\alpha=0.05$	$\alpha=0.10$
SVRIA 与 ARIMA(1,1,1)	$H_0:e_1=e_2$	$H_0:e_1=e_2$
	$S_1=-9.143;p=0.000$ (reject H_0)	$S_1=-9.143;p=0.000$ (reject H_0)
SVRIA 与 GRNN($\sigma=3.33$)	$H_0:e_1=e_2$	$H_0:e_1=e_2$
	$S_1=-1.768;p=0.038\ 56$ (reject H_0)	$S_1=-1.768;p=0.038\ 56$ (reject H_0)
SVRIA 与 TF－ε－SVR－SA	$H_0:e_1=e_2$	$H_0:e_1=e_2$
	$S_1=-3.910;p=0.000$ (reject H_0)	$S_1=-3.910;p=0.000$ (reject H_0)
SVRIA 与 SVRCACO	$H_0:e_1=e_2$	$H_0:e_1=e_2$
	$S_1=-3.632;p=0.000\ 14$ (reject H_0)	$S_1=-3.632;p=0.000\ 14$ (reject H_0)
SVRIA 与 SVRABC	$H_0:e_1=e_2$	$H_0:e_1=e_2$
	$S_1=0.218;p=0.413\ 6$ (not reject H_0)	$S_1=0.218;p=0.413\ 6$ (not reject H_0)

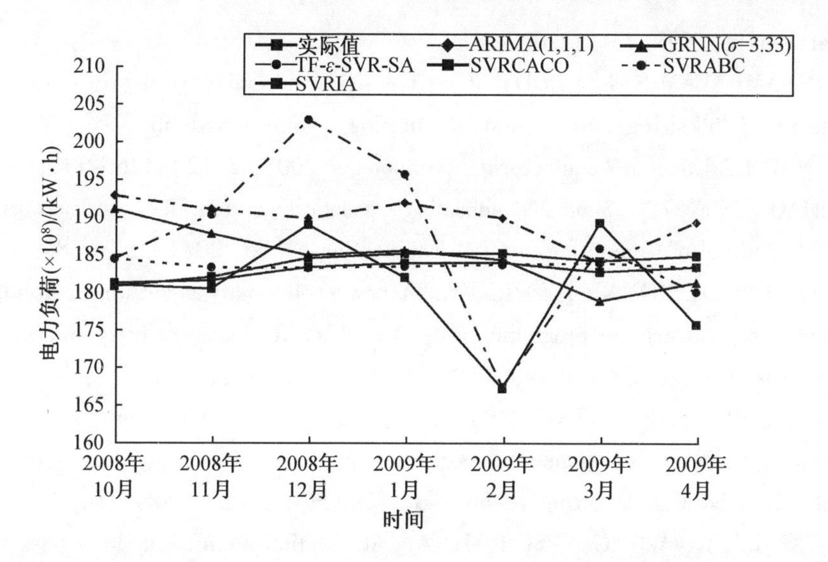

图 3-20　ARIMA、GRNN、TF-ε-SVR-SA、SVRCACO、SVRABC 和 SVRIA 模型的预测结果

在这一部分中,IA 克服了 GA、SA 和 PSO 的缺点,即提供了一组探索和开发搜索空间的解决方案,利用免疫系统找出最优解的可行解,以获得最优/接近最优解。IA 中合适的参数组合的 SVR 模型就是 B 细胞产生的抗体,优化问题(即较小的预测误差)被视为抗原。相反,最优化问题的可行解作为抗体(B 细胞)。

参考文献

[1] HOLLAND J. Adaptation in natural and artificial system[M]. Ann Arbor: University of Michigan Press, 1975.

[2] CERCIGNANI C. The Boltzmann equation and its applications[M]. Berlin: Springer-Verlag, 1988.

[3] METROPOLIS N, ROSENBLUTH A W, ROSENBLUTH M N, et al. Equations of state calculations by fast computing machines[J]. Journal of Chemical Physics,1953(21):1087-1092.

[4] KIRKPATRICK S, GELATT C D, VECCHI M P. Optimization by simulated annealing[J]. Science,1983(220):671-680.

[5] LAARHOVEN P V, AARTS E. Simulated annealing: theory and applications[M]. Dordrecht: Kluwer Academic Publishers, 1987.

[6] DEKKERS A, AARTS E. Global optimization and simulated annealing[J]. Mathematical Programming, 1991, 50(1-3):367-393.

[7] LEE J, JOHNSON G E. Optimal tolerance allotment using a genetic algorithm and truncated Monte Carlo simulation[J]. Computer Aided Design, 1993, 25(9):601-611.

[8] ASCE M, SHIEH H J, PERALTA R C. Optimal in situ bioremediation design by hybrid genetic algorithm - simulated annealing[J]. Journal of Water Resources Planning &

Management, 2005, 131(1):67 – 78.

[9] PONNAMBALAM S G, REDDY M. A GA – SA multiobjective hybrid search algorithm for integrating lot sizing and sequencing in flow – line scheduling[J]. The International Journal of Advanced Manufacturing Technology, 2003, 21(2):126 – 137.

[10] ZHAO F, ZENG X. Simulated annealing – genetic algorithm for transit network optimization [J]. Journal of Computing in Civil Engineering, 2006, 20(1):57 – 68.

[11] CORDÓN O, MOYA F, ZARCO C. A new evolutionary algorithm combining simulated annealing and genetic programming for relevance feedback in fuzzy information retrieval systems[J]. Soft Computing, 2002, 6(5):308 – 319.

[12] GANESH K, PUNNIYAMOORTHY M. Optimization of continuous – time production planning using hybrid genetic algorithms – simulated annealing[J]. International Journal of Advanced Manufacturing Technology, 2005, 26(1 – 2):148 – 154.

[13] WANG Z G, WONG Y S, RAHMAN M. Optimisation of multi – pass milling using genetic algorithm and genetic simulated annealing[J]. International Journal of Advanced Manufacturing Technology, 2004, 24(9 – 10):727 – 732.

[14] BERGEY P K, RAGSDALE C T, HOSKOTE M. A simulated annealing genetic algorithm for the electrical power districting problem[J]. Annals of Operations Research, 2003, 121(1 – 4):33 – 55.

[15] PRAKASH A, KHILWANI N, TIWARI M K, et al. Modified immune algorithm for job selection and operation allocation problem in flexible manufacturing systems [J]. Advances in Engineering Software, 2008, 39(3):219 – 232.

[16] LIU B, WANG L, JIN Y H, et al. Improved particle swarm optimization combined with chaos[J]. Chaos, Solitons and Fractals, 2005, 25(5):1261 – 1271.

[17] DORIGO M. Optimization, learning, and natural algorithms [D]. Milano: Politecnico di Milano, 1992.

[18] DORIGO M, MANIEZZO V, COLORNI A. Ant system: optimization by a colony of cooperating agents [J]. IEEE Transactions on Systems Man & Cybernetics Part B Cybernetics A Publication of the IEEE Systems Man & Cybernetics Society, 1996, 26 (1):29 – 41.

[19] DORIGO M, GAMBARDELLA L M. Ant colony system: a cooperative learning approach to the traveling salesman problem[J]. IEEE Transactions on Evolutionary Computation, 1997, 1 (1):53 – 66.

[20] BLAND J A. Space – planning by ant colony optimizsation[J]. International Journal of Computer Applications in Technology, 1999, 12(6):320 – 328.

[21] MANIEZZO V, COLORNI A, DORIGO M. The ant system applied to the quadratic assignment[J]. IEEE Transactions on Knowledge & Data Engineering, 1994, 11(5): 769 – 778.

[22] PARPINELLI R S, LOPES H S, FREITAS A A. Data mining with an ant colony optimization algorithm[J]. IEEE Transactions on Evolutionary Computation, 2002, 6 (4):321 – 332.

[23] MATHUR M, KARALE S B, PRIYE S, et al. Ant colony approach to continuous function optimization[J]. Industrial & Engineering Chemistry Research, 2000, 39(10): 3814-3822.

[24] WODRICH M, BILCHEV G. Cooperative distributed search: the ant's way[J]. Journal of Control and Cybernetics, 1997(26):413-446.

[25] MONMARCHÉ N, VENTURINI G, SLIMANE M. On how *pachycondyla apicalis* ants suggest a new search algorithm[J]. Future Generation Computer Systems, 2000, 16(8): 937-946.

[26] ABBASPOUR K C, SCHULIN R, GENUCHTEN M T V. Estimating unsaturated soil hydraulic parameters using ant colony optimization[J]. Advances in Water Resources, 2001, 24(8):827-841.

[27] KARABOGA N, KALINLI A, KARABOGA D. Designing digital IIR filters using ant colony optimization algorithm[J]. Engineering Applications of Artificial Intelligence, 2004, 17(3):301-309.

[28] KARABOGA D, BASTURK B. A powerful and efficient algorithm for numerical function optimization: artificial bee colony (ABC) algorithm[J]. J Global Optimization,2007,39(3):459-471.

[29] KARABOGA D, BASTURK B. On the performance of artificial bee colony (ABC) algorithm[J]. Applied Soft Computing Journal, 2008, 8(1):687-697.

[30] XU C, DUAN H, LIU F. Chaotic artificial bee colony approach to Uninhabited Combat Air Vehicle (UCAV) path planning[J]. Aerospace Science and Technology, 2010, 14(8):535-541.

[31] FATHIAN M, AMIRI B, MAROOSI A. Application of honey-bee mating optimization algorithm on clustering[J]. Applied Mathematics and Computation, 2007, 190(2): 1502-1513.

[32] ZBAKIR L, BAYKASOGLU A, TAPKAN P. Bees algorithm for generalized assignment problem[J]. Applied Mathematics and Computation, 2010, 215(11):3782-3795.

[33] TERESHKO V, LOENGAROV A. Collective decision-making in honey bee foraging dynamics[J]. Computing and Information Systems Journal, 2005,9(3):1-7.

[34] MORI K, TSUKIYAMA M, FUKUDA T. Immune algorithm with searching diversity and its application to resource allocation problem[J]. IEEJ Transactions on Electronics, Information and Systems, 1993, 113(10):872-878.

第4章 基于改进优化算法的SVR参数确定方法

第3章阐述了不同的进化算法，包括GA、SA、GA－SA、PSO、CACO、ABC和IA，以上进化算法均可被用来确定适合于基于SVR的电力负荷预测模型的参数组合。预测结果表明，利用上述进化算法进行SVR模型参数优化的预测，预测精度都优于其他竞争预测模型(包括ARIMA、HW、GRNN和BPNN模型)，但是这些算法几乎都缺乏知识存储或存储机制，这将导致在搜索合适的参数时早熟收敛(陷入局部最优)。例如，对于SVRGA模型，在GA处理中，通过选择、交叉和变异进化产生新的个体。对于所有类型的目标函数，繁殖开始于参数集的二进制编码。基于这种特殊的二进制编码过程，GA能够解决一些传统算法难以解决的问题，它可根据经验为整个种群提供一些生存能力最强的后代，然而在几代以后，由于种群的多样性低，可能会导致早熟收敛。对于SVRSA模型，SA是一种通用的概率搜索技术，模拟加热和控制冷却的物理过程。SA的每一步尝试都通过随机移动来替换当前状态，对新状态的接受概率取决于相应函数值之间的差异，也取决于全局温度参数。然而，SA需要在退火时间表中进行细微且巧妙的调整，因此应仔细考虑退火时温度梯度的大小、温度范围、重新启动次数和重新定向的设置；此外，SA的蒙特卡罗方案和缺乏知识记忆机制也会导致退火过程中的搜索耗时和低效。

为了克服上述算法的缺点，寻找有效的方法来保持种群多样性，避免局部最优是非常必要的。同时，需要找到一些有效的途径和方法，来精细、巧妙地调整退火进度，从而改善SA的这些缺点。一个可行的改进方法是应用混沌序列将搜索变量转化为混沌变量，此方法易于实现并且具有独特的避免陷入局部最优的能力；另一个可行的改进工具是云模型，它可以改变定量表示和定性概念之间的不确定性(语言形式)，即它可以成功地实现词语中的定性概念与数值表示之间的转换，因此在SA中可适用于解决离散温度下降的问题。

为了改进已陷入局部最优的进化算法，获得更适合的参数组合，提高预测模型的预测精度，本章主要讨论将混沌序列和云模型与进化算法相结合后，应用于SVR模型参数选择对预测性能改善的情况。

4.1　混沌序列和云模型简介

4.1.1　混沌映射

混沌是非线性系统中普遍存在的现象，被定义为有限相空间中的高度不稳定运动。它往往发生在确定性的非线性动力系统中，这种运动与随机过程非常相似，因此混沌空间中的任何变量都可以在整个可行域空间上行走（遍历性）。即使它的变化看起来像无序的（规律性），这些混沌变量的变化仍有一个微妙的固有规则。此外，混沌行为对初始条件非常敏感，这是一个重要的特性，也被称为蝴蝶效应。洛伦兹发现，当试图模拟全球天气系统时，初始条件的变化即便很小，最终结果也是完全不同的。基于混沌的这两个优点，提出了混沌优化算法（COA）来解决复杂的函数优化问题。COA 将问题的变量从解空间转化为混沌空间，然后通过混沌变量的 3 个特征（随机性、遍历性和规律性）进行搜索以寻找解。因此，利用混沌现象的这些特点进行混沌搜索和优化，可提高粒子多样性。

由于其过程易于实现以及特殊机制可以跳出局部最优解，混沌和混沌搜索算法受到广泛关注。优化问题中的任何决策变量都可以被混沌序列混沌化为一个混沌变量，以便仔细扩展其搜索空间，即在搜索空间上随意游荡。影响性能关键的因素是混沌映射函数，常用的混沌序列发生器包括：Logistic 映射函数（式(4－1)）、Tent 映射函数（式(4－2)）、An 映射函数（式(4－3)）和 Cat 映射函数（式(4－4)）。

$$x_{n+1}=\mu\cdot x_n(1-x_n) \tag{4-1}$$

其中，x_n 是第 n 次变量 x 的迭代值；μ 是控制参数，当 $\mu=4$ 时，系统将完全处于混沌状态，除了 0.25，0.5，0.75 以外，x_0 可以取(0,1)中的任何初始值。

$$x_{n+1}=\begin{cases}2x_n & x\in[0,0.5]\\ 2(1-x_n) & x\in(0.5,1]\end{cases} \tag{4-2}$$

其中，x_n 是第 n 次变量 x 的迭代值；n 是迭代次数。

$$x_{n+1}=\begin{cases}\dfrac{3}{2}x_n+\dfrac{1}{4} & x\in[0,0.5)\\[2ex] \dfrac{1}{2}x_n-\dfrac{1}{4} & x\in[0.5,1]\end{cases} \tag{4-3}$$

其中，x_n 是第 n 次变量 x 的迭代值；n 是迭代次数。

$$\begin{cases}x_{n+1}=(x_n+y_n)\ \mathrm{mod}\ 1\\ y_{n+1}=(x_n+2y_n)\ \mathrm{mod}\ 1\end{cases} \tag{4-4}$$

其中，$x\ \mathrm{mod}\ 1=x-[x]$。

为了分析这 4 个映射函数的混沌特性，将这 4 个映射函数的初始值均设为 0.1，迭代次数设为 50 000 次，记录每个映射函数获得混沌变量的出现次数。每个映射函数的统计结果如图 4－1 所示。其中，Logistic 映射函数产生的混沌序列的概率密度大多分布在两端，服从两端多而中部少的切比雪夫分布；Tent 映射函数产生的混沌序列受计算机有限的字长和精度限制，很快陷入小周期或不动点；An 映射函数生成的变量数目随着变量增大而逐渐减小；与上述 3 种映射函数不同的是，Cat 映射函数的分布在[0,1]区间内相对均匀，迭代过程中没有周期现象。因此,Cat 映射函数具有更好的混沌分布特性。电力负荷呈现单变量时间序列,即使 Cat 映射函数具有更好的混沌分布特性,但在 SVR 模型中对 σ、C、ε 3 个参数进行二维变换也是非常困难的。因此,本书决定采用 Logistic 映射函数将 σ、C、ε 3 个参数转化为混沌变量,具有较好的遍历均匀性,不易陷入小周期。

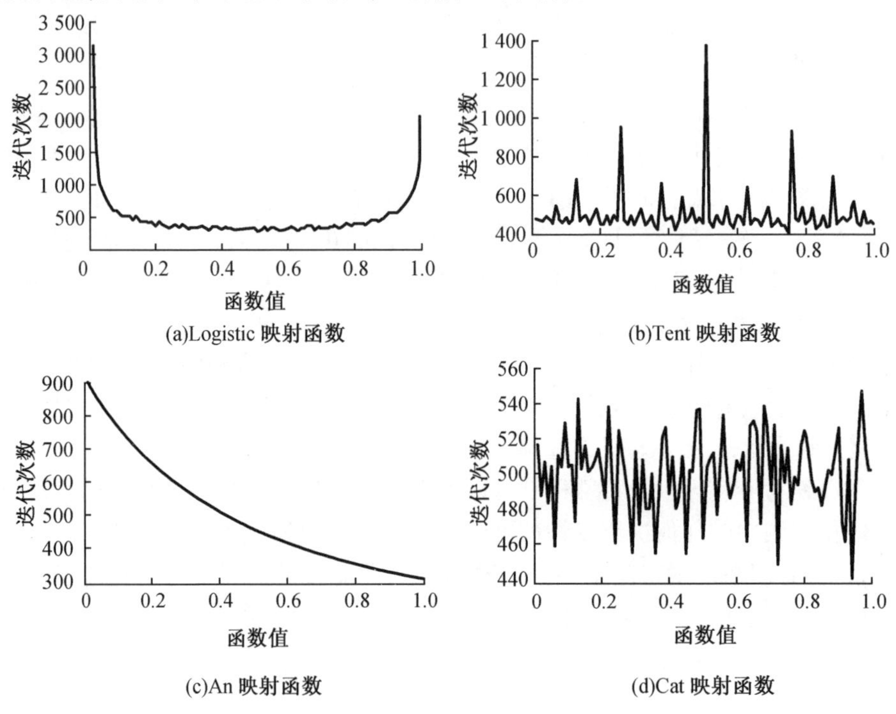

图 4-1　4 个映射函数的迭代分布

4.1.2　Logistic 映射函数的混沌序列

如上所述,混沌是自然界中一种不规则的非线性现象。因此,如果一个非线性系统表现出对初始条件的敏感依赖性,并且具有无穷多个不同的周期响应,则称该系统是混沌的。这种对初始条件的敏感依赖性通常由包含具有非线性相互作用的多个元素的系统展现;另外,混沌行为不仅在复杂的系统中,甚至在非常简单的逻辑方程中都可以观察到。

混沌序列可以由参考文献[8]定义的 Logistic 的逻辑函数(一维基础)表示,即式(4-1),并通过在式(4-5)与 SVR 模式混合。

$$x^{(i+1)}=\mu x^{(i)}(1-x^{(i)}) \tag{4-5}$$

其中,$x^{(i)}\in(0,1)$, $i=0,1,2,\cdots$; $x^{(i)}$ 为第 i 次迭代的混沌变量 x 的值;μ 为系统的所谓分叉参数,$\mu\in[0,4]$。系统行为随着 μ 变化而明显变化,μ 的值决定了 x 是稳定在一个大小有限的序列之间波动,还是以不可预知的模式乱作一团。对于参数 μ 的某些值,例如 $\mu=4$, $x^{(0)}\notin\{0.25,0.5,0.75\}$,该系统表现出混沌行为。

图 4-2 表明了系统的混沌动力学,其中 $x^{(0)}=0.001$, $i=300$。很显然,非常小的 x 初始值差别会导致其未来行为的巨大差异,这是混沌的基本特征。另外,x 可以在整个可行域的空间中游历,尽管它看起来很乱,但 x 的变化仍有一个微妙的固有规律。

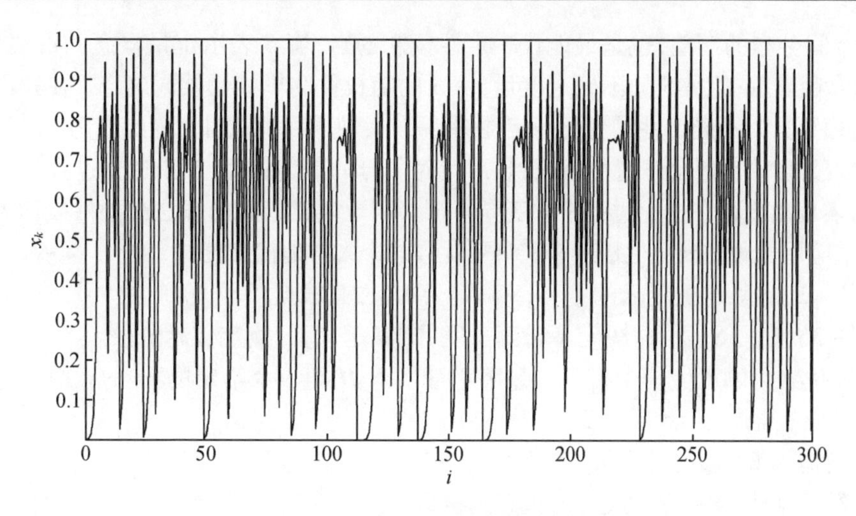

图 4-2　Logistic 映射函数的多样性

4.1.3　云模型的基本概念

云模型,由 D. Li 等提出,是定性知识描述与定量值表达之间的不确定性转换模型。云模型具有不确定性、确定性和稳定性,以及知识表达的变化性,体现了自然物种进化的基本原理。云模型已经成功应用于智能控制和数据挖掘等领域。最近,云模型也被引入到 PSO 中。H. Liu 等用云模型来调整粒子的惯性权重,并提出了云自适应粒子群算法(CAPSO)。Y. Zhang 等采用云模型对粒子进行变异,设计了新的完全云粒子群优化算法(NCCPSO)和云超变异粒子群优化算法(CHPSO),都取得了较好的性能。

假设 T 是域 u 中的语言值,将 $CT(x):u\to[0,1]$, $\forall x\in u$, $x\to CT(x)$ 画图,那么 $CT(x)$ 在 u 上的分布称为 T 下的隶属云。服从正态分布的情况下,$CT(x)$ 被称为正态云模型。云模型的整体特征可以用包括期望的 E、熵 S 和超熵 H 这 3 个数字特征来表示。正态云模型的示意图如图 4-3 所示。

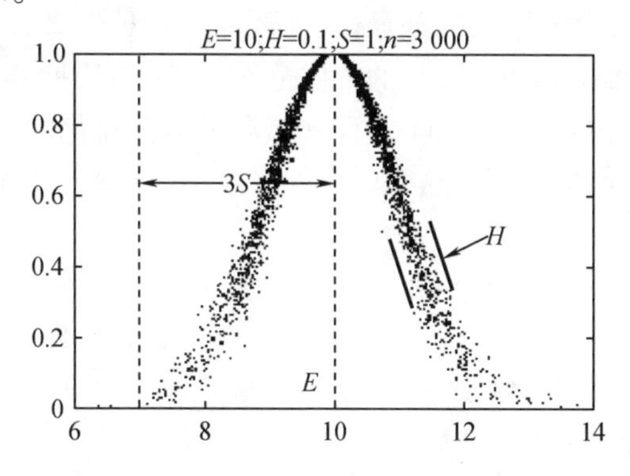

图 4-3　正态云模型的 3 个数字特征

云模型是一种采用自然语言,包含质量概念与数量数据表示之间不确定性转移过程的模型。它反映了这个概念在客观事物中的模糊性和随机性,以及客观世界中人类的认知。令 D 为域 u 的语言值,映射 $C_D(x):u\to[0,1]$, $\forall x\in u$, $x\to C_D(x)$,则 u 上 $C_D(x)$ 的分布称为隶属云 D。如果 $C_D(x)$ 的分布是正常的,则它被命名为一个正常的云模型。E 是对云滴在空间上的空间分布的期望,也是最能代表定性概念的点;熵 S 表示定量概念的可测量粒度,S 越大,概念越宏观;H 是 S 的不确定度量,由 S 的随机性和模糊性共同决定。在知识表示的情况下,云模型具有不确定性和变化稳定性的特点,反映了物种在自然界的进化。对于云模型参数,E 代表父母的良好个体遗传特征,是后代对父母的遗传;S 和 H 指遗传过程的不确定性和模糊性,表现出物种在进化过程中的变异特征。用于生成云滴的算法或硬件被称为云滴生成器。本书应用普通的云滴生成器来实现更优异的个人本地搜索。

如图 4-3 所示,E 确定云的中心,S 确定云的范围,根据"$3S$"规则,约 99.74% 的总云滴分布在 $[E-3S, E+3S]$ 上;H 决定了云滴散度,即 H 越大,云滴定位越分散。

一个发生器可以产生一个有 3 个数字字符 E、S、H 和一个给定的 u_0 的云滴 (x_i, u_0),称为 Y 状态云发生器。

步骤 1:输入 E、S、H、u_0 和 n。

步骤 2:根据式(4-6)生成一个正态随机数 S'

$$S' = \text{rand } n(S, H) \tag{4-6}$$

步骤 3:通过式(4-7)生成一个新的下降点 x_i

$$x_i = E \pm S' \sqrt{-2\ln\,(u_0)} \tag{4-7}$$

步骤 4:停止标准。如果达到所需的停止次数,则返回步骤 2。

4.2 CGA 及其在参数确定中的应用

4.2.1 GA 的不足和基于混沌序列的改进

GA 是自适应随机搜索技术,它通过选择、交叉和变异算子产生新的个体。GA 首先从各类目标函数的参数集编码开始,具有解决传统算法难以解决问题的能力。由于 GA 在解决优化问题上的多样性和鲁棒性,GA 已经被应用于许多经验性应用中。然而,在应用 GA 时存在两大缺点,即收敛缓慢、陷入局部最优,主要原因是种群多样性降低。初选种群的多样性在选择压力下不能维持。即使最初的个体分布一致,初始种群的特点也不一定是统一排列的,这意味着初始个体在搜索空间中不一定是完全多样化的。因此,大多数初始染色体都很差,并且远离全局最佳状态。这是因为如果最初的种群规模设计不好,那么 GA 搜索总是陷入局部最优。

例如,在第 3 章中,对于 SVRGA 模型,GA 能够保留一些最适合整体种群的成员。然而,GA 的选择进化规则意味着一代个体中只有少数几个最适合的个体能够幸存下来。经过几代个体进化之后,种群多样性显著降低,这意味着 GA 可能导致在搜索 SVR 模型的合适参数时过早收敛到局部最优。

为了克服这些困难,需要找到一些有效的方法来改进 GA,以保持种群多样性,避免陷入局部最优。一种可行的方法是将染色体群体划分为几个亚群,并限制不同亚群成员之间的交叉,以保持群体多样性。然而,这种方法需要很大的种群规模,这在商业预测应用问题解决中并不典型。另一个可行的方案侧重于混沌方法,因为其易于实施以及有独特能力能避免陷入局部最优。X. Yuan 等最近提出了混沌遗传算法(CGA),它利用混沌映射算子(CMO)来整合 GA,从而利用两个模型各自的搜索优势。首先,利用混沌变量的 3 个特征,在规定的空间中将次世代个体分配到个体中,从而避免后代个体的过早选择。其次,CGA 还利用 GA 的收敛特性来克服混沌过程的随机性,从而增加产生更好优化个体的概率,并找到全局最优解。与此同时,基于 CGA 的一系列应用也已经被广泛应用。

4.2.2　CGA 的进化流程

相反,传统的 GA 和相关改进的 GA 有一个共同的处理方式,它们完全忽视了个人一生中的经验。这是因为它们是基于随机搜索的条件,除了一些控制进化机制(如交叉和变异进化机制)之外,当前和下一代之间没有必要的连接。突变是增加和保持种群多样性的有效运作方式,也是摆脱局部最优方案的有效途径。突变可以不断追求更高适应度的个体,引导整个人群的进化。然而,搜索并不准确,解的准确性较差,这意味着需要大规模的变异才能在广泛搜索中获得最优解。相反,如果精度是令人满意的,那么解决方案通常被困在局部最优解中,或者需要太长的时间来收敛。因此,本书采用 C. T. Cheng 等提出的退火混沌变异进化。退火混沌变异进化不仅模拟生物学的混沌进化过程,而且还利用混沌变量对解空间进行遍历搜索,使其在当前邻域最优解中找到另一个更好的解,并使 GA 具有持续不断的动力。图 4 - 4 是 CGA 进化程序的流程图。

步骤 1:通过 CMO 生成初始种群。在第 i 次迭代中 SVR 模型中 3 个参数的值可以表示为 $X_k^{(i)}, k=\sigma, C, \varepsilon$。设 $i=0$,并采用式(4 - 8)将区间(Min_k, Max_k)中的 3 个参数映射到位于区间(0,1)内的混沌变量 $x_k^{(i)}$,即

$$x_k^{(i)}=\frac{X_k^{(i)}-\mathrm{Min}_k}{\mathrm{Max}_k-\mathrm{Min}_k}\quad(k=C,\sigma,\varepsilon)\tag{4-8}$$

然后,采用式(4 - 5)中的 $\mu=4$ 来计算下一个迭代混沌变量 $x_k^{(i+1)}$。通过式(4 - 9)转换 $x_k^{(i+1)}$ 以获得用于下一次迭代的 3 个参数 $X_k^{(i+1)}$,即

$$X_k^{(i+1)}=\mathrm{Min}_k+x_k^{(i+1)}(\mathrm{Max}_k-\mathrm{Min}_k)\tag{4-9}$$

在这个转换之后,σ、C 和 ε 这 3 个参数被编码成一个二进制格式,并且由一个根据二进制数的“基因”组成的染色体来表示(图 3 - 2)。每个染色体有 3 个基因,分别代表 3 个参数。如果每个基因有 40 位,则染色体包含 120 位。基因中的更多位对应于更精细的搜索空间分割。

步骤 2:适应度评估。评估每个染色体的适应度(预测误差),在这项工作中,- MAPE 被用作适应度函数。

步骤 3:选择。基于适应度函数,具有较高拟合度值的染色体更有可能在下一代产生后代。轮盘选择原则用于选择繁殖的染色体。

步骤 4:交叉进化。在交换中,染色体是随机配对的。该方法采用单点交叉原理,两个确定的断点之间的成对染色体片段被交换。为简单起见,假设一个基因有 4 位,这意味着一个染色体包含 12 位(图 3 - 3)。亲代 1 中的 3 个交叉参数值分别为 1.5,1.25,0.343 75,亲代 2 中分别为 0.625,8.75,0.156 25。交叉后子代 1 中 3 个参数值分别为 1.625,3.75,0.406 25,子代 2 中分别为 0.5,6.25,0.093 75。最后,3 个交叉参数被解码成十进制格式。

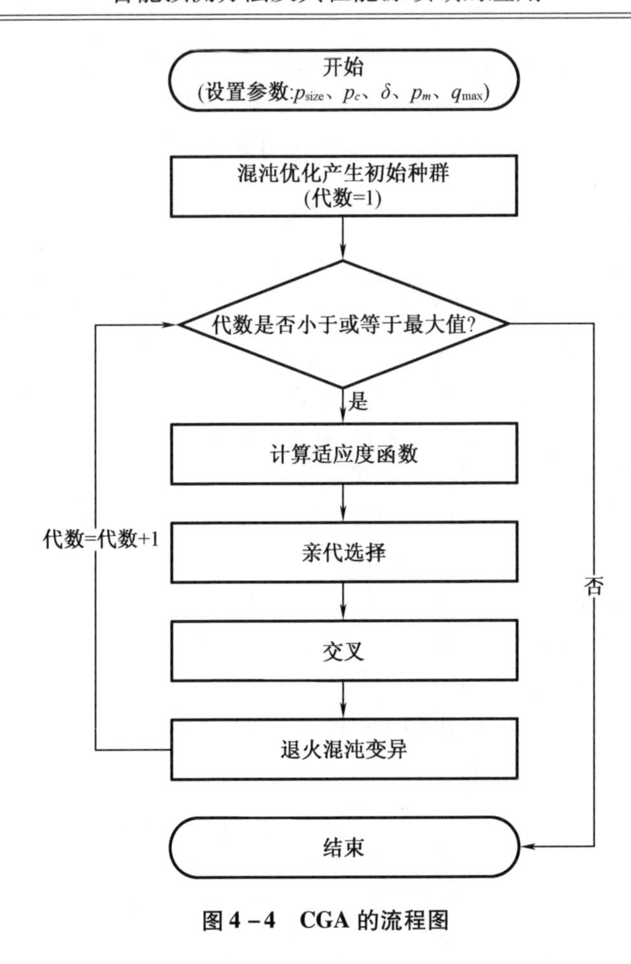

图 4 – 4　CGA 的流程图

步骤 5:退火混沌变异。对于当前解空间(Min_k,Max_k)的第 i 次迭代,交叉种群($\hat{X}_k^{(i)}$,$k=\sigma,C,\varepsilon$)映射到混沌变量区间[0,1]形成交叉混沌变量空间$\hat{x}_k^{(i)}$,即

$$\hat{x}_k^{(i)}=\frac{\hat{X}_k^{(i)}-\mathrm{Min}_k}{\mathrm{Max}_k-\mathrm{Min}_k}\quad(k=C,\sigma,\varepsilon;i=1,2,\cdots,q_{\max})\tag{4-10}$$

其中,$q_{\max}$是人口的最大进化代。然后,将第 i 个混沌变量 $x_k^{(i)}$ 相加得到$\hat{x}_k^{(i)}$,混沌突变变量也被映射到区间[0,1],即

$$\tilde{x}_k^{(i)}=\hat{x}_k^{(i)}+\delta x_k^{(i)}\tag{4-11}$$

其中,δ 是退火进化。最后,区间[0,1]中得到的混沌变异的变量通过确定的变异概率(pm)映射到解区间(Min_k,Max_k),从而完成一个可变进化,即

$$\tilde{X}_k^{(i)}=\mathrm{Min}_k+\tilde{x}_k^{(i)}(\mathrm{Max}_k-\mathrm{Min}_k)\tag{4-12}$$

步骤 6:停止条件。如果迭代数等于一个给定的尺度,那么最好的染色体就是一个解;否则,回到步骤 2。

4.2.3　基于 CGA 的参数确定及预测结果

下面将讨论所提出的混合模型——SVRCGA(基于 CGA 进行 SVR 参数优选的方法)模型的建模过程及预报性能。同样,在测试阶段也采用基于滚动预测的方法来获得负荷预测和测试阶段的接收误差。如果测试误差得到改善,则使用由CGA调整后的SVRCGA模型的3个核心参数σ、C、ε来计算验证误差。选择由最小验证误差调整后的参数为最合适的参数。预测结果以及SVRSA模型的最佳参数见表4-1。同时,表4-1表明输入数据为25时,两个模型性能最佳。

表4-1　SVRCGA模型的参数确定

输入数据的编号	参数			测试的MAPE /%
	σ	C	ε	
5	247.51	146.24	3.938 3	3.726
10	6.37	116.48	1.162 6	3.493
15	59.86	4 162.60	16.586 0	3.444
20	357.68	7 827.20	4.130 6	3.726
25	22.18	6 705.30	21.803 0	3.382

表4-2为分别使用ARIMA(1,1,1)、GRNN($\sigma=3.33$)、TF-ε-SVR-SA、SVRGA以及SVRCGA模型获得的实际值和预测值。通过计算MAPE来比较SVRCGA模型和其他所选模型的预测性能。SVRCGA与ARIMA、GRNN、TF-ε-SVR-SA和SVRGA模型相比,具有更小的MAPE。此外,如上所述,为了验证SVRCGA模型与ARIMA(1,1,1)、GRNN($\sigma=3.33$)、TF-ε-SVR-SA和SVRGA模型预测准确性的显著性,开展了Wilcoxon符号秩检验和渐近测试,测试结果分别见表4-3和表4-4。显然,除了GRNN和TF-ε-SVR-SA模型(Wilcoxon符号秩检验中仅接受$\alpha=0.05$级别的显著性,其他两个级别渐近测试中都失败)之外,SVRCGA模型明显优于ARIMA和SVRGA模型。图4-5说明了不同模型的预测精度。

表4-2　ARIMA、GRNN、TF-ε-SVR-SA、SVRGA和SVRCGA的预测结果

(单位:kW·h)

时间节点	实际值 ($\times10^8$)	ARIMA (1,1,1) ($\times10^8$)	GRNN ($\sigma=3.33$) ($\times10^8$)	TF-ε-SVR-SA ($\times10^8$)	SVRGA ($\times10^8$)	SVRCGA ($\times10^8$)
2008年10月	181.07	192.932	191.131	184.504	178.326	185.224
2008年11月	180.56	191.127	187.827	190.361	178.355	186.046
2008年12月	189.03	189.916	184.999	202.980	178.355	186.865
2009年1月	182.07	191.995	185.613	195.753	178.356	187.680
2009年2月	167.35	189.940	184.397	167.580	178.357	188.493
2009年3月	189.30	183.988	178.988	185.936	178.358	189.149
2009年4月	175.84	189.348	181.395	180.165	181.033	178.300
MAPE/%		6.044	4.636	3.799	3.676	3.382

表 4-3 Wilcoxon 符号秩检验

比较模型	Wilcoxon 符号秩检验	
	$\alpha=0.025$ $W=2$	$\alpha=0.05$ $W=3$
SVRCGA 与 ARIMA(1,1,1)	1*	1*
SVRCGA 与 GRNN($\sigma=3.33$)	3	3*
SVRCGA 与 TF-ε-SVR-SA	3	3*
SVRCGA 与 SVRGA	1*	1*

注：* 表示 VRCGA 模型明显优于其他预测模型。

表 4-4 渐近测试

比较模型	渐近(S_1)测试	
	$\alpha=0.05$	$\alpha=0.10$
SVRCGA 与 ARIMA(1,1,1)	$H_0:e_1=e_2$	$H_0:e_1=e_2$
	$S_1=-8.776;p=0.000$ (reject H_0)	$S_1=-8.776;p=0.000$ (reject H_0)
SVRCGA 与 GRNN($\sigma=3.33$)	$H_0:e_1=e_2$	$H_0:e_1=e_2$
	$S_1=-0.739;p=0.2299$ (not reject H_0)	$S_1=-0.739;p=0.2299$ (not reject H_0)
SVRCGA 与 TF-ε-SVR-SA	$H_0:e_1=e_2$	$H_0:e_1=e_2$
	$S_1=0.705;p=0.2404$ (not reject H_0)	$S_1=0.705;p=0.2404$ (not reject H_0)
SVRCGA 与 SVRGA	$H_0:e_1=e_2$	$H_0:e_1=e_2$
	$S_1=16.415;p=0.000$ (reject H_0)	$S_1=16.415;p=0.000$ (reject H_0)

SVRCGA 模型的优越性不仅是由和 SVRGA 模型的几个相似的特性(如 SVR 模型具有非线性映射能力、能最小化结构风险而不是训练误差)引起的,还由于 CGA 的 CMO 和 GA 的搜索能力决定了合适的参数集。例如,根据表 4-1 和表 3-4 可看出,CGA 改善了 SVRGA 模型的局部解,从而使得与 SVRGA 模型获得的解$(\sigma,C,\varepsilon)=(686.16,5\,048.40,19.317\,0)$(误差评价指数 MAPE = 3.676%)相比,SVRCGA 模型获得了更好的解$(\sigma,C,\varepsilon)=(22.18,6\,705.30,2.803\,0)$(误差评价指数 MAPE = 3.382%)。由此可见,混沌序列能够避免陷入局部极小值,通过融合到 SVR 模型可实现预测精度的提高。

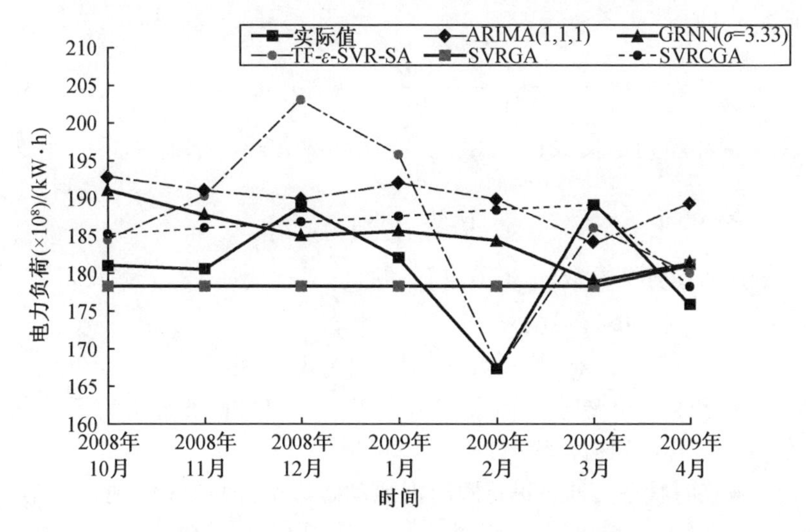

图4-5　ARIMA、GRNN、TF-ε-SVR-SA、SVRGA和SVRCGA模型的预测结果

4.3　CSA及其在参数确定中的应用

4.3.1　SA的不足和基于混沌序列的改进

基于SA的进化程序在退火过程中需要精细巧妙的调整,如退火时温度变化的大小、温度范围,以及调查中重新启动次数和重新搜索的方向等。此外,由于蒙特卡洛的计划缺乏知识记忆功能,耗时也是另一个棘手的问题。为了克服这些缺陷,有必要找到一些有效的方法,改进SA在退火时间表的调整机制。由于混沌方法具有易于实现和避免陷入局部最优的良好能力,所以混沌方法也是一个可行的方案。L. Chen等提出了暂态混沌动力学的概念,即混沌模拟退火算法(CSA),该组织是为了搜寻而临时产生的自组织。然后随着温度的自主降低该自组织逐渐消失,并伴随着连续分岔和一致收敛达到一个稳定平衡的状态。CSA和SA主要有两个显著性差异:首先,基于Monte Carlo方法的SA是随机的,而CSA是具有暂态混沌动力学的确定性的;其次,SA的收敛性处理是通过控制随机的"热"波动来实现的,而CSA则是通过分叉结构的控制来实现的。另外,由于其对连续状态的分形子空间的动态约束,CSA中的搜索区域通常很小,因此CSA可以进行包括一个全局最优状态的有效搜索。因此,CSA虽然已经被用于一些优化领域,但是却很少应用在参数确定中。可采用CSA来替代传统SA中的随机"热"波动控制,以优化SVR模型中的参数选择。

4.3.2　CSA的进化过程

设计CSA,需要考虑许多重要因素,如编码方案、初始温度和冷却时间表等。这些都与SA的因素相似。CSA的流程如图4-6所示。

步骤1:初始化,获取初始状态。将SVR模型第i次迭代中的3个参数表示为$X_k^{(i)}$, $k=\sigma,C,\varepsilon$。设$i=0$,用式(4-13)将区间(Min_k, Max_k)中的3个参数映射到位于区间(0,1)中

的混沌变量 $X_k^{(i)}$,即

$$x_k^{(i)} = \frac{X_k^{(i)} - \mathrm{Min}_k}{\mathrm{Max}_k - \mathrm{Min}_k} \quad (k = \sigma,\ C,\ \varepsilon) \tag{4-13}$$

然后,采用混沌序列定义式(4－14)。定义参数 $\mu = 4$ 后,计算下一个迭代混沌变量 $x_k^{(i+1)}$,即

$$x_k^{(i+1)} = \mu x_k^{(i)}(1 - x_k^{(i)}) \tag{4-14}$$

其中,μ 是系统的所谓分叉参数,$\mu \in [0,4]$。并且,通过变换 $x_k^{(i+1)}$ 来获得下一次迭代的 3 个参数。$x_k^{(i+1)}$ 由式(4－15)得到

$$X_k^{(i+1)} = \mathrm{Min}_k + x_k^{(i+1)}(\mathrm{Max}_k - \mathrm{Min}_k) \tag{4-15}$$

转换后,σ、C 和 ε 3 个参数被代入 SVR 模型。－MAPE 被定义为系统状态(E_i)。最后,通过初始参数组合得到初始状态(E_0)。

步骤 2:获得临时状态。通过进行瞬时混沌动态移动(即 CSA 实现),将第 i 次迭代中的现有系统状态(E_i)改变为临时状态。在第 $i+1$ 次迭代中,$\tilde{x}_k^{(i+1)}$ 中 3 个新的混沌变量(具有模拟退火效应)通过式(4－16)得到,即

$$\tilde{x}_k^{(i+1)} = (1 - \rho)x_k^{(i+1)} \tag{4-16}$$

其中,$\rho(0 < \rho < 1)$为控制瞬态混沌的分岔速度,当 ρ 较大时,$\tilde{x}_k^{(i+1)}$ 迅速下降。相反,对于较小的 ρ 值,$x_k^{(i+1)}$ 的混沌动力学也会相应地持续更长的时间。这里 ρ 值设为 0.003。

然后,通过式(4－17)转换 $\tilde{x}_k^{(i+1)}$ 以获得下一次迭代的 3 个参数 $\tilde{X}_k^{(i+1)}$,即

$$\begin{aligned}\tilde{X}_k^{(i+1)} &= \mathrm{Min}_k + \tilde{x}_k^{(i+1)}(\mathrm{Max}_k - \mathrm{Min}_k)\\ &= \mathrm{Min}_k + (1-\rho)x_k^{(i+1)}(\mathrm{Max}_k - \mathrm{Min}_k)\\ &= X_k^{(i+1)} - \rho \times (\mathrm{Max}_k - \mathrm{Min}_k) \times x_k^{(i+1)}\end{aligned} \tag{4-17}$$

在此变换后,将 σ、C 和 ε 3 个参数输入 SVR 模型。预测误差的 MAPE 被定义为临时状态。

步骤 3:验收测试。通过式(4－18)决定接受还是拒绝当前状态。

$$\begin{cases}\text{Accept the provisional state} & E(s_{\text{new}}) > E(s_{\text{old}}),\quad p < P(\text{接受 } s_{\text{new}}),\quad 0 \leqslant p \leqslant 1\\ \text{Accept the provisional state} & E(s_{\text{new}}) \leqslant E(s_{\text{old}})\\ \text{Reject the provisional state} & \text{其他}\end{cases} \tag{4-18}$$

在式(4－18)中,p 是一个用来确定对临时状态接受程度的随机数。如果接受临时状态,则将临时状态设置为当前状态。

步骤 4:现行解决方案。如果临时状态未被接受,则返回到步骤 2。此外,如果当前状态不优于(初始)系统状态,则重复步骤 2 和步骤 3,直到当前状态优于系统状态为止,并将当前状态设置为新的系统状态。已有研究表明,为避免无限重复循环,最大循环数(N_{sa})为 $100d$,其中 d 表示问题维数。本书中用 3 个参数(σ、C 和 ε)来确定系统的状态,因此 N_{sa} 是 300。

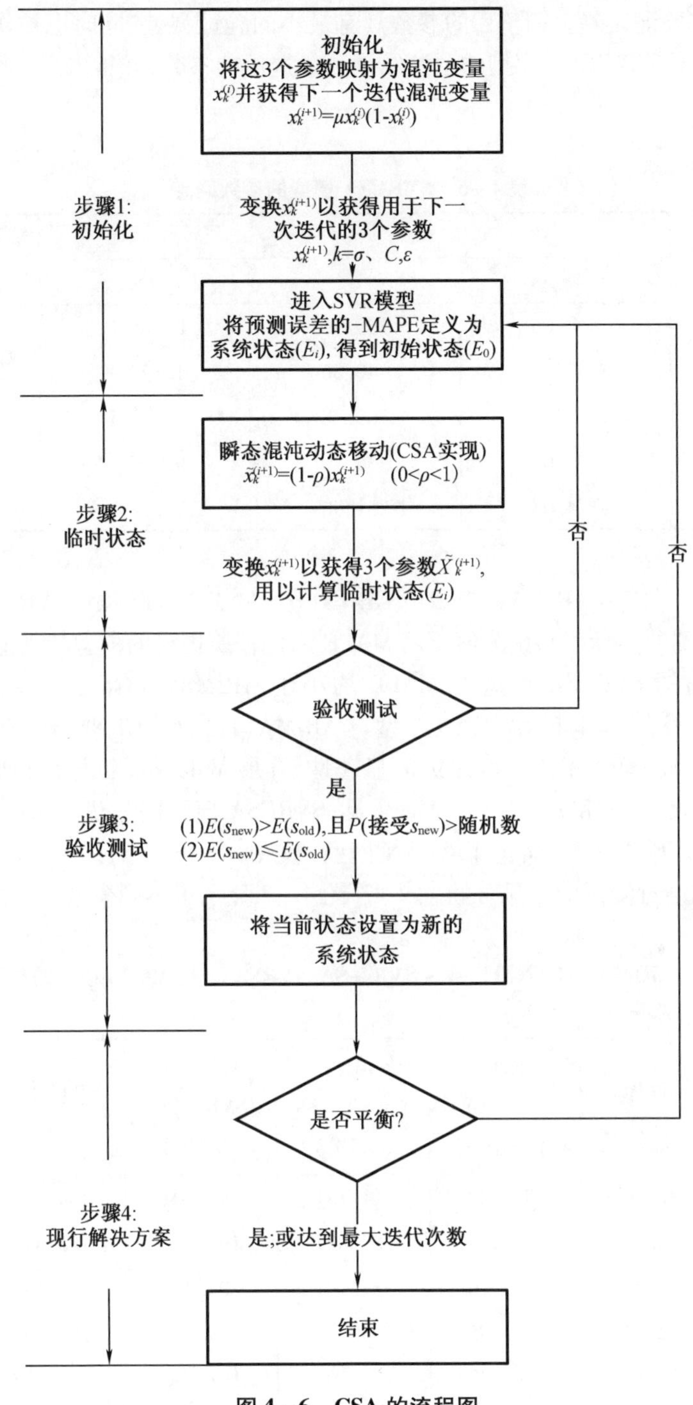

图4-6　CSA的流程图

4.3.3　基于CSA的参数确定及预测结果

下面将讨论所提出的混合模型——SVRCSA（基于CSA进行SVR参数优选的方法）模型的建模过程及预测性能。同样地，在训练阶段也采用滚动预测程序来获得预测负荷和训练误差。如果训练误差得到改善，可以采用被CSA调整的SVRCSA模型的3个核心参数

σ、C 和 ε 来计算验证误差。调整后的参数具有最小的验证误差，同时也被作为最合适的参数。表 4－5 给出了 SVRCSA 模型的预测结果和优选后的参数，并指出当使用 25 个数据时，这个模型为最佳。

表 4－5　SVRCSA 模型的参数确定

输入数据的编号	参数			测试的 MAPE /%
	σ	C	ε	
5	464.06	399.70	0.689 1	4.289
10	43.75	40.36	1.872 9	3.759
15	3.53	165.38	7.393 5	3.941
20	3.02	1 336.70	9.837 4	3.871
25	74.08	1 751.00	2.684 1	3.633

表 4－6 显示了使用 ARIMA(1,1,1)、GRNN($\sigma=3.33$)、TF－ε－SVR－SA、SVRSA 和 SVRCSA 模型得到的实际值和预测值。用 MAPE 来比较所提出的模型与其他对比模型的预测精度。所提出的 SVRCSA 模型的 MAPE 均小于 ARIMA、GRNN、TF－ε－SVR－SA 和 SVRSA 模型。此外，为了验证 SVRCSA 模型与 ARIMA(1,1,1)、GRNN($\sigma=3.33$)、TF－ε－SVR－SA 和 SVRSA 模型相比精度改进的显著性，开展 Wilcoxon 符号秩检验和渐近测试。测试结果分别见表 4－7 和表 4－8。显而易见，SVRCSA 模型明显优于 ARIMA 模型、TF－ε－SVR－SA和 SVRSA 模型，略优于 GRNN 模型（仅在 $\sigma=0.05$ 时的 Wilcoxon 符号秩检验和 $\sigma=0.10$ 时的渐近测试中有显著性意义）。图 4－7 显示了不同模型之间的预测精度。

表 4－6　ARIMA、GRNN、TF－ε－SVR－SA、SVRSA 和 SVRCSA 模型的预测结果

（单位：kW · h）

时间节点	实际值 ($\times10^8$)	ARIMA (1,1,1) ($\times10^8$)	GRNN ($\sigma=3.33$) ($\times10^8$)	TF－ε－SVR－SA ($\times10^8$)	SVRSA ($\times10^8$)	SVRCSA ($\times10^8$)
2008 年 10 月	181.07	192.932	191.131	184.504	184.584	184.059
2008 年 11 月	180.56	191.127	187.827	190.361	185.412	183.717
2008 年 12 月	189.03	189.916	184.999	202.980	185.557	183.854
2009 年 1 月	182.07	191.995	185.613	195.753	185.593	184.345
2009 年 2 月	167.35	189.940	184.397	167.580	185.737	184.489
2009 年 3 月	189.30	183.988	178.988	185.936	184.835	184.186
2009 年 4 月	175.84	189.348	181.395	180.165	184.390	184.805
MAPE/%		6.044	4.636	3.799	3.801	3.633

表4-7 Wilcoxon 符号秩检验

比较模型	Wilcoxon 符号秩检验	
	$\alpha=0.025$ $W=2$	$\alpha=0.05$ $W=3$
SVRCSA 与 ARIMA(1,1,1)	1*	1*
SVRCSA 与 GRNN($\sigma=3.33$)	3	3*
SVRCSA 与 TF-ε-SVR-SA	2*	2*
SVRCSA 与 SVRSA	1*	1*

注:* 表示 SVRCSA 模型明显优于其他对比模型。

表4-8 渐近测试

比较模型	渐进(S_1)测试	
	$\alpha=0.05$	$\alpha=0.10$
SVRCSA 与 ARIMA(1,1,1)	$H_0:e_1=e_2$	$H_0:e_1=e_2$
	$S_1=-9.659;p=0.000$ (reject H_0)	$S_1=-5.727;p=0.000$ (reject H_0)
SVRCSA 与 GRNN($\sigma=3.33$)	$H_0:e_1=e_2$	$H_0:e_1=e_2$
	$S_1=-1.544;p=0.061\ 3$ (not reject H_0)	$S_1=-1.544;p=0.061\ 3$ (not reject H_0)
SVRCSA 与 TF-ε-SVR-SA	$H_0:e_1=e_2$	$H_0:e_1=e_2$
	$S_1=-1.824;p=0.034\ 1$ (reject H_0)	$S_1=-1.824;p=0.034\ 1$ (reject H_0)
SVRCSA 与 SVRSA	$H_0:e_1=e_2$	$H_0:e_1=e_2$
	$S_1=-6.106;p=0.000$ (reject H_0)	$S_1=-6.106;p=0.000$ (reject H_0)

SVRCSA 模型的优越性能不仅是由于 SVRSA 模型的几个相似原因造就的,如基于 SVR 模型的非线性映射能力、将结构风险最小化从而减小训练错误的能力、基于凸集的假设和全局最优解存在性的二次规划技术,同时也是由于基于 CSA 确定 SVR 参数的结果。因此,如果采用最优搜索算法,理论上应该近似于全局最优解。例如,从表4-5和表3-8可以看出,CSA 使得 SVRCSA 模型以参数组合(σ,C,ε)=(74.08,1 751.00,2.684 1)获得了更高的预测精度 MAPE(3.633%),与 SVRSA 模型((σ,C,ε)=(94.998,9 435.20,12.657 0),MAPE=3.801%)相比,CSA 提高了 SVR 的预测精度。

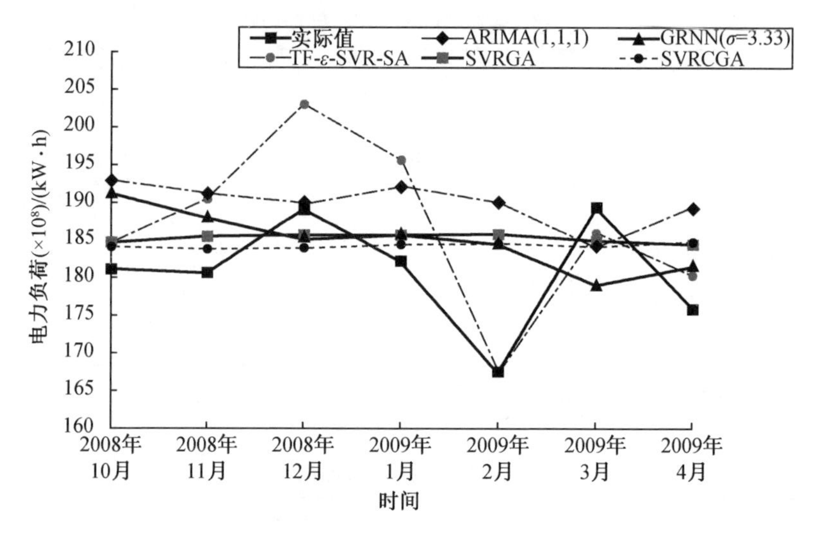

图 4-7　ARIMA、GRNN、TF-ε-SVR-SA、SVRSA 和 SVRCSA 模型的预测结果

4.4　CCSA 及其在参数确定中的应用

4.4.1　CSA 的缺点及基于云理论的改进

正如在前文中提到的,应用混沌序列将超参数转化为混沌空间,从而实现在整个空间搜索的功能。然而,大多数混沌序列采用 Logistic 映射函数,分布在区间[0,1]两端,但它并不能很好地增强混沌分布特征。通过与超参数映射到混沌空间的混沌分布特性分析比较,Cat 映射函数在区间[0,1]上有遍历的均匀性,不容易陷入小周期中(图 4-1)。这节尝试应用 Cat 映射函数将超参数映射到混沌空间。

另一方面,也可以利用混沌序列将 SVR 模型的 3 个参数从解空间转换到混沌空间,在这种混沌空间中的任何参数,都可以遍历整个利率空间,最终找出改进方案。通过改进 SA 的不足,可获得更准确的 SVR 模型的预测特性。例如,如上所述,需要在退火时间表中进行微妙而精巧的调整,特别是每个状态的温度都是不连续且不可改变的,但这不符合实际物理退火工艺中温度连续降低的要求。另外,SA 在计算高温时容易采用劣化方案,而且低温下难以脱离局部最小陷阱。最后,由于其 Monte Carlo 方案和缺乏内存记忆功能,耗时较多也是 SA 的另一个问题。

云理论是定量表征和定性概念之间不确定性转换的一种模型,它已成功地应用于智能控制、数据挖掘、空间分析、智能算法改进等研究。与此同时,也应该考虑任何可行的方法改进进化算法本身的一些缺点,从而获得更高的预测精度水平。以 SA 为例,它的基本进化步骤需要在退火过程中进行细微的、巧妙的调整,如减小温度的幅度。特别是,大多数应用程序忽略了温度连续而非离散地下降,而且在实际物理退火过程中每一状态的温度都是确定的。此外,基于 SA 的理论定义,在高温阶段更易于接受恶化的解决方案,而在降低到低温时收敛到局部极小值。基于 SA 的机理,随着温度的降低,退火过程类似于一个模糊系统,当温度降低时,让这些超参数随机地从大尺度改变为小尺度。云理论可以改变定量表示和定性概念之间的不确定性(语言形式),它可以成功地实现文字的定性概念与数值表示之间的转换。因此,它适合于求解温度离散降低的问题。建立云理论的模拟退火算法(CCSA),用于SVR模型中的超参数的确定,以期提高模型的预测精度。

4.4.2　CCSA的进化程序

在4.3节中尝试采用CSA来克服这些缺点。其中,瞬时混沌动力学被临时应用来搜寻并自我重组,随着温度的自动下降而逐渐消失,并伴随着连续的分叉,收敛到稳定的平衡状态。因此,CSA大大改善了Monte Carlo方案的随机性问题,它已经通过分叉结构控制了收敛过程,而不是随机的"热"波动,最终进行包括全局最优状态的有效搜索。通常即使是一些温度退火函数也是指数型的,在每个退火步骤中,温度逐渐下降,且两个相邻步骤之间的温度变化过程不连续。在实现其他类型的温度更新函数中也会出现这种现象,如算术、几何或对数关系。在云理论中,通过将Y状态正态云发生器引入温度生成过程,它可以随机生成一组新值,如"云"一样分布在给定的值附近。将每一步的固定温度点变成一个可变化的温度区,每一个退火步骤中产生的温度值都是从该温度区中随机选择的。整个退火过程的温度变化过程几乎是连续的,其更适合于物理退火过程。因此,基于混沌序列和云理论,本书采用CCSA替代传统SA的随机"热"波动控制,在CSA中提高连续物理温度退火过程,优化SVR模型中的参数选择。

为了加强混沌分布特性,大多数混沌序列采用Logistic映射函数作为混沌序列发生器。然而,Logistic映射函数由于遵从Chebyshev分布,主要分布在两端,中间分布较少。Cat映射函数在区间[0,1]中相对均匀,并且在迭代过程中没有循环现象。本小节试图将具有良好的遍历均匀性和不易陷入小循环的Cat映射函数应用到CSA中。

为了设计CCSA,除了退火过程,诸如解调编码、初始温度等许多因素都与SA因子类似,本书中CCSA的流程如图4-8所示。

步骤1:初始化。统一初始温度并获得初始状态。初始温度(T_0)必须统一,最初我们发现温度值为0.1(即$T_0=0.1$)。将3个参数映射为混沌变量后,得到初始状态。设第i次迭代的SVR模型中三个参数的值为$X_k^{(i)}, k=\sigma, C, \varepsilon$。设$i=0$,并采用式(4-13)将区间($\mathrm{Min}_k, \mathrm{Max}_k$)中的3个参数映射到位于间隔(0,1)内的混沌变量$x_k^{(i)}$。然后,采用混沌序列,定义为方程(4-19),计算下一个迭代混沌变量$x_k^{(i+1)}$,即

$$x_k^{(i+1)} = x_k^{(i)} - [x_k^{(i)}] \tag{4-19}$$

并且,通过式(4-15)来变换$x_k^{(i+1)}$以获得用于下一次迭代的3个参数$X_k^{(i+1)}$。

在此变换后,将σ、C、ε 3个参数输入SVR模型。预测误差的MAPE被定义为系统状态(E_i)。最后,通过初始参数组合得到初始状态(E_0)。

步骤2:Y条件云发生器。在Y条件云发生器中设置S、H和u_0的初始值。设$S=T_i$,$H=T_i$,$u_0=1.0-T_i$。然后,用式(4-20)和式(4-21)分别计算新熵S'和新参考温度T_i'。

$$S' = S + H - \mathrm{rand}(0,1)/3 \tag{4-20}$$

$$T_i' = S'\sqrt{-2\ln(u_0)} \tag{4-21}$$

由于在云理论中温度场与温度阶段正相关,熵S和超熵H被设定为同一参考温度T_i。由于S决定了云的范围,H决定了云滴的消散度,因此在高温阶段,如果退火温度的变化范围更宽,退火过程的下降更分散,退火过程就会有足够的延展性。相反,在低温阶段,如果

退火温度的变化范围更窄，色散更小，则可以保证退火过程的稳定趋势。

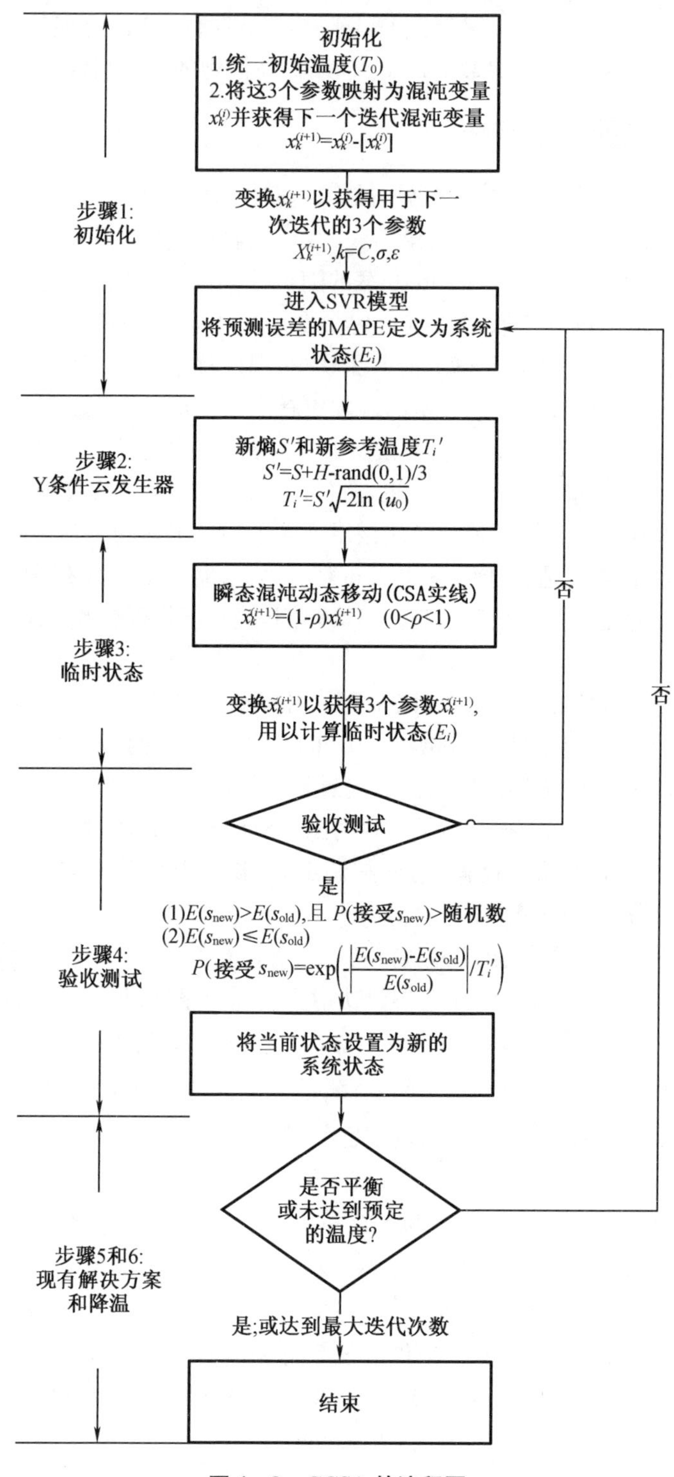

图 4-8 CCSA 的流程图

步骤 3：临时状态。为了获得临时状态，进行暂时混沌动态移动(即 CSA 实现)，将第 i 次迭代中的现有系统状态(E_i)改变为临时状态。第 $i+1$ 迭代 $\tilde{x}_k^{(i+1)}$ 中的 3 个新的混沌变量(具有模拟退火效应)是用方程(4－16)生成的。然后,通过式(4－17)变换 $\tilde{x}_k^{(i+1)}$ 以获得用于下一次迭代 $\tilde{X}_k^{(i+1)}$ 的3个参数。在这个转换之后,3个参数 σ、C、ε 被输入到SVR模型中。预测误差的MAPE被定义为临时状态。

步骤4:验收测试。通过式(4－18)确定接受或拒绝临时状态。在式(4－18)中,对于CCSA,接受新状态的概率 P(接受 s_{new})由概率函数式(4－22)给出,用来确定预视觉状态的接受程度。

$$P(\text{接受}\ s_{\text{new}}) = \exp\left(\frac{-\left|\dfrac{E(s_{\text{new}}) - E(s_{\text{old}})}{E(s_{\text{old}})}\right|}{T_i'}\right) \tag{4-22}$$

如果接受临时状态,则将临时状态设置为当前状态。

步骤5:现有解决方案。如果临时状态未被接受,则返回到步骤2。此外,如果当前状态不优于(初始)系统状态,那么在下一次迭代中重复步骤2至4(即 $i=i+1$),直到当前状态优于系统状态,并将当前状态设置为新的系统状态。目前的研究表明,为避免无限重复循环,最大循环数(N_{sa})为100d,其中 d 表示问题维数。本节中用3个参数(σ、C、ε)来确定系统的状态,因此 N_{sa} 为300。

步骤6:降温。得到新的系统状态后,降低温度。CCSA中的温度更新函数一般是指数型的。设退火指数(ρ)在步骤3中相同,步骤计数器为 i,然后根据式(4－23)计算步骤 i 中的新温度。

$$T = T_0 \times \rho^i \tag{4-23}$$

如果达到预定温度,则停止算法,最新状态是近似最优解。否则,跳转到步骤2。

基于温度更新函数,退火温度逐渐下降,即在每个步骤结束时,根据式(4－23)计算温度作为下一步的基准温度。然后,采用Y条件云发生器,把基准温度作为一个定值,新随机生成的值将分布在基准温度附近,看起来像一个"云"。这意味着在这个温度发生过程中,每一步的固定温度点变成一个可变的温度区,温度变化的过程几乎是连续的,并且可以更好地适合物理退火过程。

4.4.3　基于CCSA的参数确定及预测结果

下面将讨论所提出的混合模型——SVRCCSA(基于CCSA进行SVR参数优选的方法)模型的建模过程及预测性能。

同样,在训练阶段,也采用基于滚动的预测程序来获得训练阶段的预测负载和训练错误。然后,如果训练误差得到改善,则采用CCSA调整的SVRCCSA模型的3个核心参数 σ、C 和 ε 来计算验证误差。同时也选择具有最小验证误差的调整参数作为最合适的参数。表4－9给出了SVRCCSA模型的预测结果和合适的参数,表明使用25个传回数据时,这个模型表现最好。

表4－10显示了使用ARIMA(1,1,1)、GRNN($\sigma=3.33$)、TF－ε－SVR－SA、SVRSA、SVRCSA、SVRCCSA模型获得的实际值和预测值。利用MAPE完成SVRCCSA模型与其他对比模型预测性能的比较分析。与ARIMA、GRNN、TF－ε－SVR－SA、SVRSA和SVRCSA模型相比,SVRCCSA模型具有更小的MAPE。此外,为了验证SVRCCSA模型与ARIMA(1,1,1)、GRNN($\sigma=3.33$)、TF－ε－SVR－SA、SVRSA和SVRCSA模型相比准确性改善的显著

性，进行了 Wilcoxon 符号秩检测和渐进测试，测试结果见表 4－11 和表 4－12。显然，SVRCCSA 模型明显优于 ARIMA(1,1,1)、GRNN($\sigma=3.33$)、TF－ε－SVR－SA、SVRSA 和 SVRCSA 模型。图 4－9 提供了不同模型的预测精度。

表 4－9　SVRCCSA 模型的参数确定

输入数据的编号	参数			测试的 MAPE /%
	σ	C	ε	
5	903.83	357.61	2.035 7	4.475
10	4.03	132.04	1.427 6	4.040
15	196.56	47.86	6.168 9	3.828
20	248.61	9 467.10	13.346 0	3.574
25	930.43	1 737.40	17.836 0	3.406

表 4－10　ARIMA、GRNN、TF－ε－SVR－SA、SVRSA、SVRCSA 和 SVRCCSA 模型的预测结果

（单位：kW · h）

时间节点	实际值 ($\times10^8$)	ARIMA (1,1,1) ($\times10^8$)	GRNN ($\sigma=3.33$) ($\times10^8$)	TF－ε－SVR－SA ($\times10^8$)	SVRSA ($\times10^8$)	SVRCSA ($\times10^8$)	SVRCCSA ($\times10^8$)
2008 年 10 月	181.07	192.932	191.131	184.504	184.584	184.059	179.138
2008 年 11 月	180.56	191.127	187.827	190.361	185.412	183.717	179.789
2008 年 12 月	189.03	189.916	184.999	202.980	185.557	183.854	179.834
2009 年 1 月	182.07	191.995	185.613	195.753	185.593	184.345	179.835
2009 年 2 月	167.35	189.940	184.397	167.580	185.737	184.489	179.835
2009 年 3 月	189.30	183.988	178.988	185.936	184.835	184.186	179.835
2009 年 4 月	175.84	189.348	181.395	180.165	184.390	184.805	182.514
MAPE/%		6.044	4.636	3.799	3.801	3.633	3.406

表 4－11　Wilcoxon 符号秩检测

比较模型	Wilcoxon 符号秩检测	
	$\alpha=0.025$ $W=2$	$\alpha=0.05$ $W=3$
SVRCCSA 与 ARIMA(1,1,1)	0*	0*
SVRCCSA 与 GRNN($\sigma=3.33$)	2*	2*
SVRCCSA 与 TF－ε－SVR－SA	2*	2*
SVRCCSA 与 SVRSA	0*	0*
SVRCCSA 与 SVRCSA	0*	0*

注：* 表示 SVRCCSA 模型明显优于其他对比模型。

表4-12　渐近测试

比较模型	渐近(S_1)测试	
	$\alpha=0.05$	$\alpha=0.10$
SVRCCSA与ARIMA(1,1,1)	$H_0:e_1=e_2$	$H_0:e_1=e_2$
	$S_1=-11.723;p=0.000$ (reject H_0)	$S_1=-11.723;p=0.000$ (reject H_0)
SVRCCSA与GRNN($\sigma=3.33$)	$H_0:e_1=e_2$	$H_0:e_1=e_2$
	$S_1=-2.321;p=0.0101$ (reject H_0)	$S_1=-2.321;p=0.0101$ (reject H_0)
SVRCCSA与TF-ε-SVR-SA	$H_0:e_1=e_2$	$H_0:e_1=e_2$
	$S_1=-2.873;p=0.0020$ (reject H_0)	$S_1=-2.873;p=0.0020$ (reject H_0)
SVRCCSA与SVRSA	$H_0:e_1=e_2$	$H_0:e_1=e_2$
	$S_1=-12.077;p=0.000$ (reject H_0)	$S_1=-12.077;p=0.000$ (reject H_0)
SVRCCSA与SVRCSA	$H_0:e_1=e_2$	$H_0:e_1=e_2$
	$S_1=-12.258;p=0.000$ (reject H_0)	$S_1=-12.258;p=0.000$ (reject H_0)

SVRCCSA模型的优越性能不仅是由于SVRSA模型的几个相似原因造就的，如基于SVR模型的非线性映射能力、将结构风险最小化从而减小训练错误的能力、基于凸集的假设和全局最优解存在性的二次规划技术，也是由CSA的CMO、SA对SVR参数的正确确定以及Y条件云发生器对退火过程中温度产生的影响导致的。特别是Y条件云发生器，可以随机生成一组分布在给定值附近的新值，如“云”，从而显著地保证温度持续降低，并且克服了原始SA的难题，也易于接受恶化的解决方案，在降低至低温的同时使其收敛到局部最小值。因此，如果使用高级搜索算法，它将在理论上近似于全局最优解。例如，从表4-9和表4-5可以看出，CSA通过参数优选，与SVRCSA模型$(\sigma,C,\varepsilon)=(74.08,1\,751.00,2.684\,1)$（MAPE=3.633%）相比，使得SVRCCSA模型获得了更优秀的解$(\sigma,C,\varepsilon)=(930.43,1\,737.40,17.836\,0)$（MAPE=3.406%）。因此，它还揭示了混沌序列可以通过融入SVR模型来实现预测精度的提高，从而能够避免陷入局部极小值。

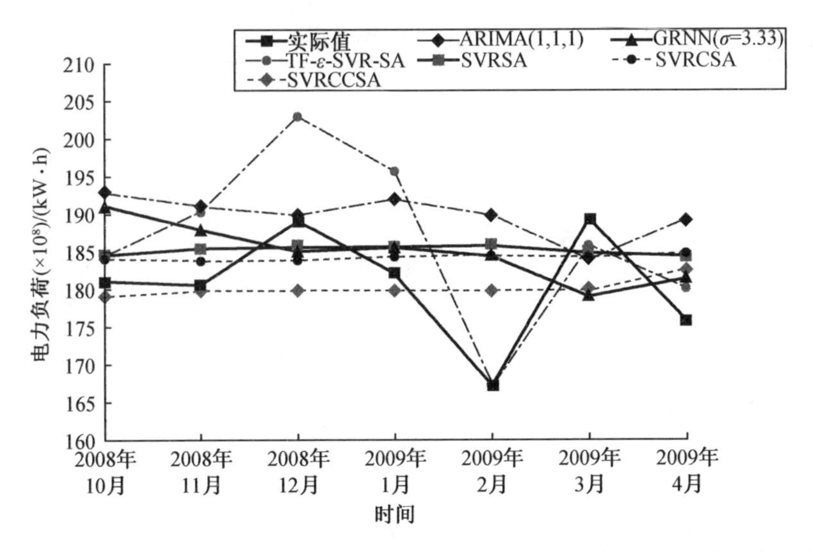

图 4－9　ARIMA、GRNN、TF－ε－SVR－SA、SVRSA、SVRCSA 和 SVRCCSA 模型的预测结果

4.5　CGASA 及其在参数确定中的应用

4.5.1　GA－SA 的缺点与基于混沌序列的改进

正如 3.5 节所述，GA 和 SA 的共同缺点是过早收敛。GA－SA 的混合使用是一种创新的尝试，通过运用 SA 的优越性，能够得到更理想的解决方案，并利用 GA 的演变过程来强化搜索过程。为了继续改进算法以获得更准确的预测性能，应该找到新的机制来克服 GA 和 SA 的这些缺点。新算法也将应用混沌序列精细地扩大变量的搜索空间，即让变量在搜索空间上易于遍历。因此，提出混沌遗传算法－模拟退火算法（CGASA），即 SVRCGASA，以期获得更合适的参数组合。

4.5.2　CGASA 的进化过程

CGASA 包括 CGA 和 SA 两部分。CGASA 的简要流程如下：首先，CGA 将对初始样本数进行评估，并运行 3 个基本算子以产生新的样本数，从而找出最优的个体；其次，将确定的最佳个体传递给 SA 进行下一步处理；第三，所有 SA 程序运行完成后，修改后的个体将被送回 CGA 为下一代做基础；最后，计算迭代过程将持续进行，直到达到算法停止的标准。CGASA 演化流程如图 4－10 所示。

1. CGA 部分程序

GA 的最大缺点是经过几代计算后，种群多样性将会减少，进而导致过早收敛（局限于局部最优）。种群多样性的降低，主要是由于初始种群在搜索空间中没有完全多样化处理，即使初始个体分布一致，也远未达到全局最优情况。因此，在这里 CMO 将取代随机方法来生成初始种群。

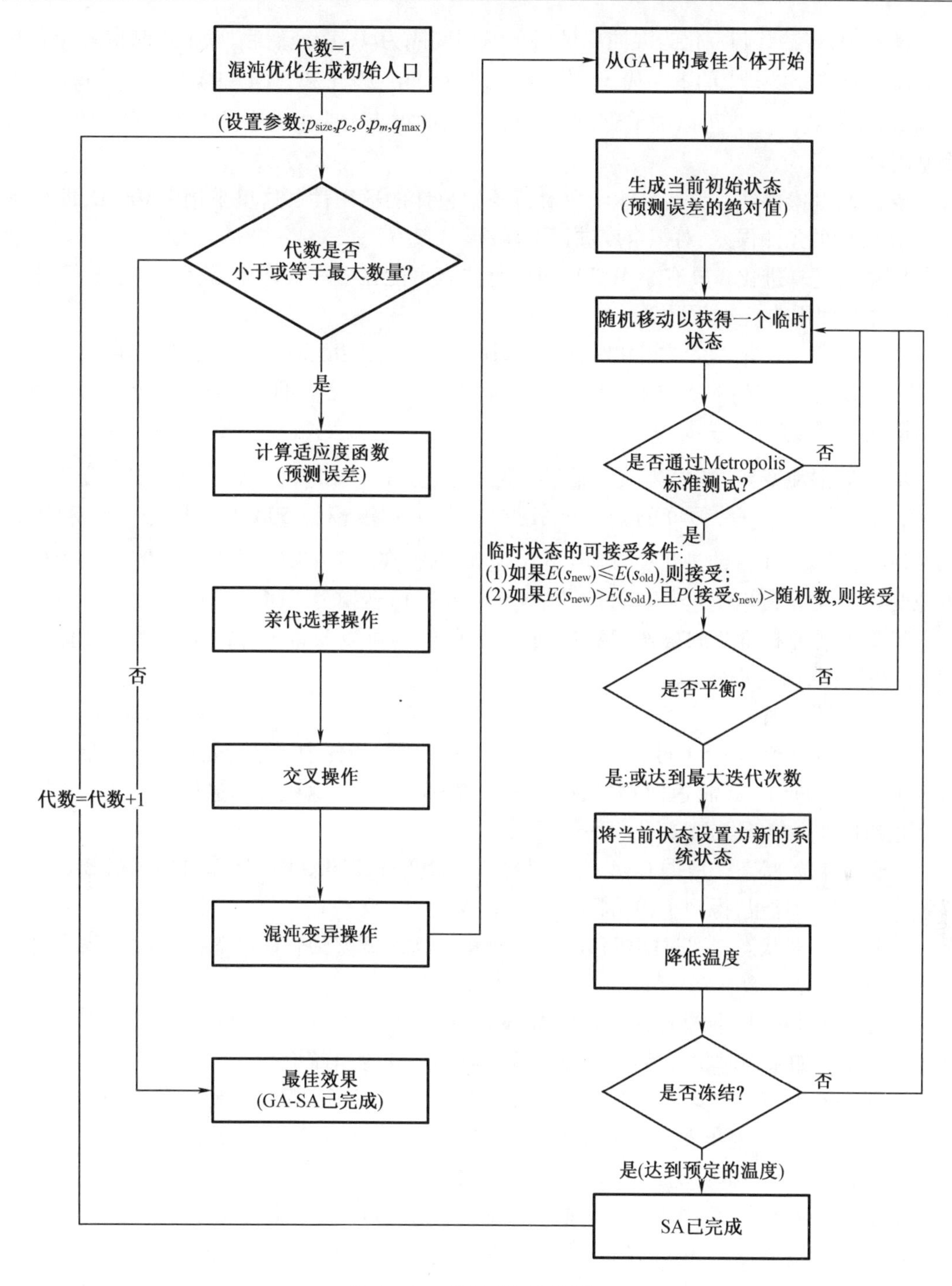

图4－10　CGASA的流程图

其次,GA的另一个缺点是含有无效算子、交叉算子或变异算子,这会导致计算变异算子耗时,收敛速度很慢。因此,对这两个算子进行适当的修改将极大地提高GA的性能。本节中提出的混沌变异进化,即采用混沌变量在当前邻域最优解中寻找另一个更好的解决方案,使GA算子始终保持持续的计算能力。

步骤1:初始样本。将SVR模型的3个超参数设为$X_k^{(i)}$,$k=\sigma,C,\varepsilon$,其中i表示迭代号

码。设 $i=0$,将参数归一化为混沌变量 $x_k^{(i)}$,其中间隔为[0,1]。然后,以十进制格式计算和编码原始混沌变量 $x_k^{(i)}$ 的下一代 $X_k^{(i+1)}$,由式(4-5)中 $\mu=4$ 和式(4-9)得出。获得的(十进制格式)参数,$X_k^{(i+1)}$ 可以被编码为二进制格式,并被表示为由3个基因组成的染色体,每个基因具有40位。

步骤2:健康评估。评估目标函数对每条染色体的适用性。这里采用-MAPE,即训练的SVR模型的预测误差,对拟合度进行了评价。

步骤3:选择进化。具有小MAPE的染色体有可能在下一代产生后代。在选择要复制的染色体时使用轮盘选择原则。

步骤4:交叉进化。交叉进化时,随机选择染色体以相互配对。通过使用单角点交叉原则,交叉确定断点之后的成对染色体片段。最后,交叉算子之后的3个参数应该被解码回十进制格式,以便进行下一步。

步骤5:混沌变异进化。将交叉后参数 $\hat{X}_k^{(i)}$ 通过式(4-10)将其规范化为混沌变量 $\hat{x}_k^{(i)}$,$k=C,\sigma,\varepsilon$,其中 $q_{\max}$ 是种群的最大生成,在本节中它被设为500。在此基础上,利用式(4-11)计算第 i 个混沌进化 $\hat{x}_k^{(i)}$,其中 δ 是退火进化,在本节中被设为0.9。最后,将得到的混沌变异变量用一定的变异概率(p_m,在本节中为0.1)转换为式(4-12)。

步骤6:停止标准。如果迭代数达到停止标准,则可以获得最好的个体并将其传递给SA部分;否则,回到步骤2。

2. SA部分程序

在所提出的CGA-SA过程中,SA将对CGA提供的最佳个体进行处理。在对最佳个体进行进一步改进后,SA将返回CGA,进行下一阶段的生成。这些计算迭代直到达到该算法的终止条件才会停止。SA部分程序如下。

步骤1:初始状态。根据CGA接收到的3个参数计算MAPE。计算出的MAPE定义为系统状态(E)。这里,得到了初始状态(E_0)。

步骤2:临时状态。通过随机移动将现有系统状态调整为临时状态。在此步骤中将生成另一组的3个参数。

步骤3:Metropolis标准测试。采用Metropolis标准方程(式(4-18))来确定临时状态的接受或拒绝。如果临时状态被接受,则将临时状态设置为当前状态。

步骤4:现有解决方案。如果临时状态不被接受,则返回步骤2。此外,如果当前状态不比系统状态好,则重复步骤2和步骤3,直到当前状态优于系统状态,并设置当前状态作为新的系统状态。已有研究为避免无限循环,建议循环的最大次数(N_{sa})为 $100d$,其中 d 表示问题维度。在本节中,采用3个参数来确定系统状态,因此 N_{sa} 被设定为300。

步骤5:温度降低。获得新的系统状态后,重新降低温度。如果达到预定温度,则停止SA部分,最新状态为近似最优解;否则,请转到步骤2。

4.5.3　基于CGA-SA的参数确定与预测结果

下面将讨论所提出的混合模型——SVRCGASA(基于CGASA进行SVR参数优选的方法)模型的建模过程及预测性能。

同样,在训练阶段,也采用基于滚动的预测程序来获得训练阶段的预测负载和训练误差。如果训练误差得到改善,则采用CGASA调整的SVRCGASA模型的3个参数 σ、C 和 ε

来计算验证误差。选择具有最小验证错误的调整参数作为最合适的参数。表 4 – 13 给出了 SVRCGASA 模型的预测结果和合适的参数,表明这种模型在使用 25 个馈入数据时表现最好。

表 4 – 13　SVRCGASA 模型的参数确定

输入数据的编号	参数			测试的 MAPE /%
	σ	C	ε	
5	88.16	457.74	3.739 5	4.936
10	6.877	112.58	3.704 7	3.834
15	6.379	142.85	0.032 0	4.197
20	247.82	3 435.20	2.410 9	3.902
25	51.21	5 045.10	21.623 0	3.731

表 4 – 14 显示了使用 ARIMA(1,1,1)、GRNN(σ = 3.33)、TF – ε – SVR – SA、SVRGASA、SVRCGASA 模型获得的实际值和预测值。计算 MAPE 用以将所提出的模型与其他对比模型进行比较。除了 SVRGASA 模型,所提出的 SVRCGASA 模型具有比 ARIMA、GRNN、TF – ε – SVR – SA 模型更小的 MAPE。此外,为验证 SVRCGASA 模型与 ARIMA(1,1,1)、GRNN(σ = 3.33)、TF – ε – SVR – SA 和 SVRGASA 模型相比精度提高的显著性,进行 Wilcoxon 符号秩检验和渐近测试,测试结果分别见表 4 – 15 和表 4 – 16。显然,除了 SVRGASA 模型,SVRCGASA 模型显著优于 ARIMA(1,1,1),GRNN(σ = 3.33)和 TF – ε – SVR – SA 模型。同时,根据表 4 – 14 ~ 表 4 – 16 可看出,SVRGASA 模型具有较小的 MAPE,但不完全显著(在 Wilcoxon 符号秩检验中只有两个层次具有显著性,但在渐近测试中均失败)优于 SVRCGASA 模型。图 4 – 11 显示了不同模型之间的预测精度。

表 4 – 14　ARIMA、GRNN、TF – ε – SVR – SA、SVRGASA 和 SVRCGASA 模型的预测结果

(单位:kW · h)

时间节点	实际值 ($\times 10^8$)	ARIMA (1,1,1) ($\times 10^8$)	GRNN (σ = 3.33) ($\times 10^8$)	TF – ε – SVR – SA ($\times 10^8$)	SVRGASA ($\times 10^8$)	SVRCGASA ($\times 10^8$)
2008 年 10 月	181.07	192.932	191.131	184.504	183.563	177.300
2008 年 11 月	180.56	191.127	187.827	190.361	183.898	177.443
2008 年 12 月	189.03	189.916	184.999	202.980	183.808	177.585
2009 年 1 月	182.07	191.995	185.613	195.753	184.128	177.726
2009 年 2 月	167.35	189.940	184.397	167.580	184.152	177.867
2009 年 3 月	189.30	183.988	178.988	185.936	183.387	178.008
2009 年 4 月	175.84	189.348	181.395	180.165	183.625	178.682
MAPE/%		6.044	4.636	3.799	3.530	3.731

表 4－15　Wilcoxon 符号秩检验

比较模型	Wilcoxon 符号秩检验	
	$\alpha=0.025$ $W=2$	$\alpha=0.05$ $W=3$
SVRCGASA 与 ARIMA(1,1,1)	0*	0*
SVRCGASA 与 GRNN($\sigma=3.33$)	0*	0*
SVRCGASA 与 TF－ε－SVR－SA	1*	1*
SVRCGASA 与 SVRGASA	0**	0**

注：* 表示 SVRCGASA 模型明显优于其他对比模型；** SVRCGASA 模型优于基他对比模型。

表 4－16　渐近测试

比较模型	渐近(S_1)测试	
	$\alpha=0.05$	$\alpha=0.10$
SVRCGASA 与 ARIMA(1,1,1)	$H_0:e_1=e_2$	$H_0:e_1=e_2$
	$S_1=-13.437$;$p=0.000$ (reject H_0)	$S_1=-13.437$;$p=0.000$ (reject H_0)
SVRCGASA 与 GRNN($\sigma=3.33$)	$H_0:e_1=e_2$	$H_0:e_1=e_2$
	$S_1=-2.179$;$p=0.0146$ (reject H_0)	$S_1=-2.179$;$p=0.0146$ (reject H_0)
SVRCGASA 与 TF－ε－SVR－SA	$H_0:e_1=e_2$	$H_0:e_1=e_2$
	$S_1=-1.829$;$p=0.0337$ (reject H_0)	$S_1=-1.829$;$p=0.0337$ (reject H_0)
SVRCGASA 与 SVRGASA	$H_0:e_1=e_2$	$H_0:e_1=e_2$
	$S_1=-0.6722$;$p=0.2507$ (not reject H_0)	$S_1=-0.6722$;$p=0.2507$ (not reject H_0)

SVRCGASA 模型不能超越 SVRGASA 模型的原因可能是杂交过程，即混沌序列被杂交到 GA 中，然后与 SA 结合，因此转化次数太多，丧失了进化的搜索功能。即使单一的混沌序列，GA 和 SA 也有其优越性，但是在杂交之后，这些技术的强大功能将会丧失。CGASA 通过参数优选，与 SVRGASA 模型（$(\sigma, C, \varepsilon)=(51.21, 5045.10, 21.6230)$，MAPE＝3.731%）的解相比，使得 SVRCGASA 模型获得了更优秀的解（$(\sigma, C, \varepsilon)=(92.09, 2449.50, 13.6390)$，MAPE＝3.530%）。由此可见，采用混沌序列来避免陷入局部极小值，却错误地达到较差的预测精度。因此，需要注意的是，在寻找更多的混合方法时，如何避免过度杂交也是一个重要的问题。

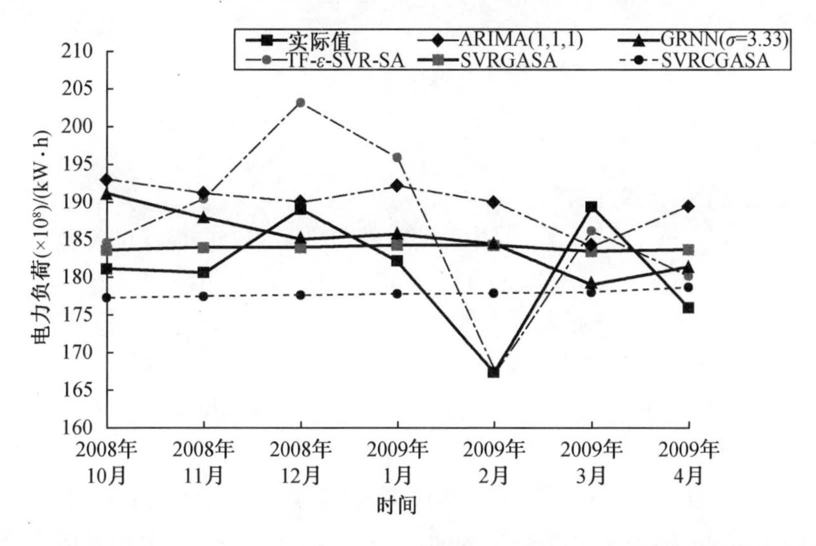

图 4-11 ARIMA、GRNN、TF-ε-SVR-SA、SVRGASA 和 SVRCGASA 模型的预测结果

4.6 CPSO 及其在参数确定中的应用

4.6.1 PSO 的不足与基于混沌序列的改进

如前所述,PSO 具有存储所有粒子的知识存储器;另外,群中的粒子彼此共享信息。因此,PSO 在解决连续非线性优化问题上获得了广泛的关注和应用。然而,PSO 的性能在很大程度上取决于其参数,与 GA 和 SA 类似,常常陷入局部最优。

混沌和基于混沌的搜索算法具有易于实现和避免陷入局部最优的特殊功能,已经引起了人们极大的兴趣。参考文献[7]提出了混沌粒子群优化算法(CPSO),并应用于 SVR 模型的参数优选中,为捕获非线性电负载变化趋势提供了良好的预测性能。

PSO 的性能主要取决于参数,它们往往导致陷入局部最优。例如,惯性权重 l 受当前速度的影响,较大的惯性权重向全局探索,而较小的 l 则朝着当前搜索区域的微调方向发展。因此,适当的控制 l,对于准确找到最优解非常重要。为了解决这个缺点,B. Liu 等采用 PSO 与自适应惯性权重因子(AIWF)和混沌局部搜索(CLS)混合的 PSO(CPSO)。另外,J. Cai 等还介绍了另一个 CPSO 模型,通过应用其他经典的混沌系统,如 Tent 方程,将 PSO 和 AIWF 结合起来。根据报道的结果,这两种 CPSO 之间没有显著差异。为了克服 PSO 陷入局部最小,本书基于 B. Liu 等提出的 CPSO 来开展 SVR 模型的 3 个参数优选性能研究。

4.6.2 CPSO 的进化过程

CPSO 进化基于 PSO 流程,即每个粒子记录过去的最佳位置,采用全局搜索方法(通过相邻经验)的本地搜索方法(通过自我经验)寻找解决方案。然后,采用 AIWF 和 CLS 进行局部搜索。

SVR 模型中的 3 个参数,在 n 维空间中,第 i 个粒子对的位置、速度和最佳位置可以表

示为

$$X_{(k)i}=[x_{(k)i,1},x_{(k)i,2},\cdots,x_{(k)i,n}] \tag{4-24}$$

$$V_{(k)i}=[v_{(k)i,1},v_{(k)i,2},\cdots,v_{(k)i,n}] \tag{4-25}$$

$$P_{(k)i}=[p_{(k)i,1},p_{(k)i,2},\cdots,p_{(k)i,n}] \tag{4-26}$$

其中,$k=\sigma,\ C,\ \varepsilon;\ i=1,2,\cdots,N$。

在 $\boldsymbol{X}_{(k)i}=[X_{(k)1},X_{(k)2},\cdots,X_{(k)N}]$ 中的所有粒子之间的全局最佳位置为

$$P_{(k)g}=[p_{(k)g,1},p_{(k)g,2},\cdots,p_{(k)g,d}] \tag{4-27}$$

其中,$k=\sigma,\ C,\ \varepsilon;g=1,2,\cdots,N$。

然后,每个粒子的新速度为

$$V_{(k)i}(t+1)=lV_{(k)i}(t)+q_1\text{rand}(\cdot)(P_{(k)i}-X_{(k)i}(t))+q_2\text{Rand}(\cdot)(P_{(k)g}-X_{(k)i}(t)) \tag{4-28}$$

其中,$k=\sigma,\ C,\ \varepsilon;\ i=1,2,\cdots,N;l$ 为惯性权重,它控制粒子以前速度对当前粒子的影响;q_1 和 q_2 是两个正常数,称为加速度系数;rand(·)和 Rand(·)是两个独立均匀分布的随机变量,范围在区间[0,1]。AIWF 被用来鼓励好的粒子(对)强化它们的探索能力,通过局部搜索来优化结果,而不好的粒子则用较大步长来调整搜索空间。AIWF 按照下式确定

$$l=\begin{cases} l_{\min}+\dfrac{(l_{\max}-l_{\min})(f_i-f_{\min})}{f_{\text{avg}}-f_{\min}} & f_i\leqslant f_{\text{avg}} \\ l_{\max} & f_i\geqslant f_{\text{avg}} \end{cases} \tag{4-29}$$

其中,$l_{\max}$ 和 $l_{\min}$ 分别是 l 的最大值和最小值;f_i 是第 i 个粒子对的当前目标值;f_{avg} 和 $f_{\min}$ 分别是所有粒子对的平均值和最小目标值。

在速度更新之后,下一代中每个参数的粒子的新位置按下式确定

$$X_{(k)i}(t+1)=X_{(k)i}(t)+V_{(k)i}(t+1) \tag{4-30}$$

其中,$k=\sigma,\ C,\ \varepsilon;\ i=1,2,\cdots,N$。

请注意,$V_{(k)i}$ 中每个分量的值可以限制在 $[-v_{\max},v_{\max}]$ 的范围内,以控制搜索空间外的粒子的过度徘徊。重复该过程,直到达到所定义的停止阈值。CPSO 的流程如图 4-12 所示。CPSO 用于寻找 SVR 中 3 个参数的更好组合,从而在预测迭代期间获得较小的 MAPE。

步骤 1:初始化。定义粒子群($\sigma_i,\ C_i,\ \varepsilon_i$),随机初始化位置($X_{\sigma i},\ X_{Ci},\ X_{\varepsilon i}$)和速度($V_{\sigma i},\ V_{Ci},\ V_{\varepsilon i}$),其中每个粒子包含 n 个变量。

步骤 2:适应度值计算。计算所有粒子对的适应度值(预测误差)。让每个粒子对的最佳位置($P_{\sigma i},\ P_{Ci},\ P_{\varepsilon i}$)及其目标值 f_{best_i} 等于它的初始位置和适应度值。令全局最佳位置($P_{\sigma g},\ P_{Cg},\ P_{\varepsilon g}$)及其目标值 $f_{\text{globalbest}_i}$ 等于最佳初始粒子对的位置及其目标值。

步骤 3:评估适应度值。根据式(4-28)和式(4-29),更新每个粒子对的速度和位置,并评估所有粒子对的适应度值。

步骤 4:比较和更新。对于每个粒子对,将其当前目标值与 f_{best_i} 进行比较。如果当前目标值较好(即预测精度指标值较小),则根据当前位置和目标值更新最佳位置($P_{\sigma i},\ P_{Ci},\ P_{\varepsilon i}$)及其目标值。

步骤 5:确定最好的粒子对。根据最佳目标值确定最佳的总体粒子对。利用 CLS 执行解决方案 $f_{\text{globalbest}_i}$ 的本地导向搜索(开发)。如果目标值小于 $f_{\text{globalbest}_i}$,则用当前最佳粒子对的位置和目标值更新($P_{\sigma g},\ P_{Cg},\ P_{\varepsilon g}$)及其适应度值。

步骤 6:停止标准。如果达到停止阈值(预测准确度),则确定($P_{\sigma g}$, P_{Cg}, $P_{\varepsilon g}$)及其 $f_{\text{globalbest}_i}$;否则,回到步骤 3。

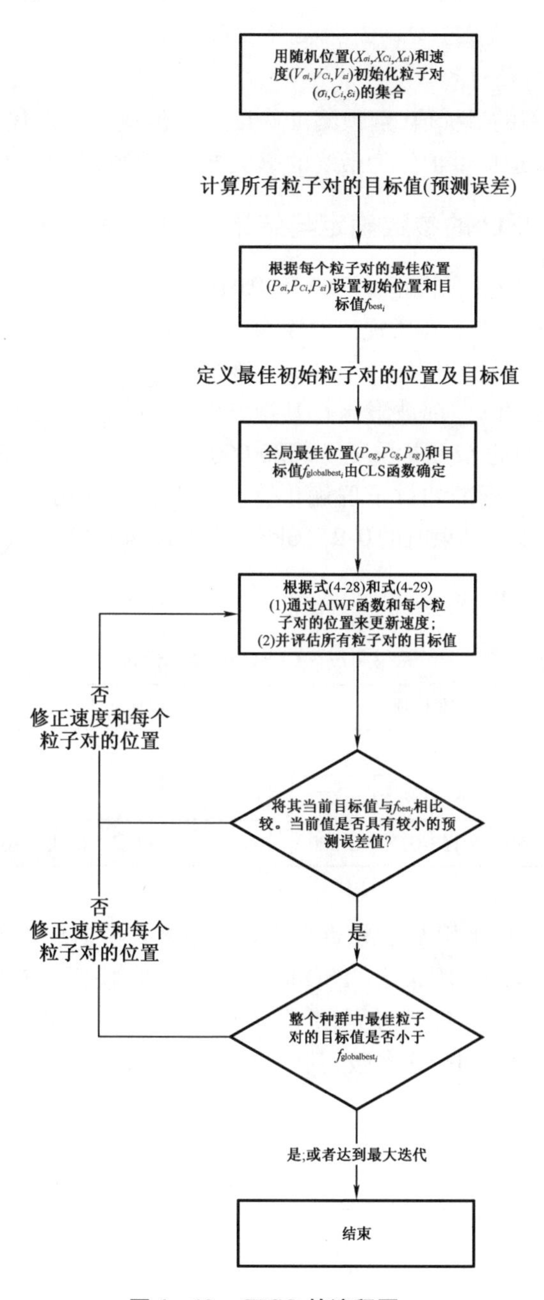

图 4－12　CPSO 的流程图

利用 CLS 来执行解决方案 $f_{\text{globalbest}_i}$ 的局部搜索(开发)。CLS 基于对数方程(式(4－5)),依赖初始条件并且对初始条件敏感。CLS 的程序说明如下。

步骤 1:设置 $\lambda=0$,并采用式(4－31)将区间($x_{\min(k)i}$, $x_{\max(k)i}$)中的 3 个参数 $X_{(k)i}^{(\lambda)}$:$k=\sigma$, C, ε, $i=1,2,\cdots,N$ 映射到位于区间(0,1)的混沌变量 $cx_{(k)i}^{(\lambda)}$中。

$$cx_{(k)i}^{(\lambda)}=\frac{X_{(k)i}^{(\lambda)}-x_{\min(k)i}}{x_{\max(k)i}-x_{\min(k)i}} \tag{4-31}$$

步骤 2:通过式(4－5)来计算下一个迭代混沌变量 $cx_{(k)i}^{(\lambda+1)}$。

步骤 3:通过式(4－32)变换 $cx_{(k)i}^{(\lambda+1)}$ 以获得下一次迭代的 3 个参数 $X_{(k)i}^{(\lambda+1)}$。

$$X_{(k)i}^{(\lambda+1)} = x_{\min(k)i} + cx_{(k)i}^{(\lambda+1)}(x_{\max(k)i} - x_{\min(k)i}) \tag{4-32}$$

步骤 4:用新的目标值计算 $X_{(k)i}^{(\lambda+1)}$。

步骤 5:如果达到新的目标值,且预测准确度指标值或最大迭代次数较小,则新的混沌变量 $X_{(k)i}^{(\lambda+1)}$ 及其相应的适应度值作为最终的解决方案;否则,令 $\lambda=\lambda+1$,返回步骤 2。

4.6.3 基于 CPSO 的参数确定与结果预测

下面将讨论所提出的混合模型——SVRCPSO(基于 CPSO 进行 SVR 参数优选的方法)模型的建模过程及预测性能。在所提出的模型中 CPSO 的参数是按照表 4－17 设置的。人口规模为 20 人;功能评估总数固定为 10 000; 每个粒子对(σ,C,ε)的 q_1 和 q_2 分别设置为 0.05,100,0.5。σ 粒子的 $v_{\max}$ 都被限制在其搜索空间的 10%(其中$\sigma\in[0,5]$);C 粒子的 $v_{\max}$ 被限制在其搜索空间的 12.5%($C\in[0,20\ 000]$);ε 粒子的 $v_{\max}$ 都被限制在其搜索空间的 15%($\varepsilon\in[0,100]$)。标准的粒子群优化算法在迭代中使用了一个线性变化的惯性权重,从搜索开始时的 1.2 到结束时的 0.2。CPSO 使用式(4－29)中定义的 AIWF,其中 $l_{\max}=1.2$,$l_{\min}=0.2$。

表 4－17 CPSO 的参数设置

群体规模/人	最大迭代	速度极限						惯性权重 l		加速度系数					
		$-v_{\max}$			$v_{\max}$			$l_{\min}$	$l_{\max}$	q_1			q_2		
		σ	C	ε	σ	C	ε			σ	C	ε	σ	C	ε
20	10 000	−0.5	−2 500	−15	0.5	2 500	15	0.2	1.2	0.05	100	0.5	0.05	100	0.5

同样,在训练阶段,也采用基于滚动的预测程序来获得训练阶段的预测负载和训练误差。如果训练误差发生改善,则采用 CPSO 调整 SVRCPSO 模型的 3 个参数 σ、C 和 ε 来计算验证误差,选择具有最小验证误差的调整参数作为最合适的参数。表 4－18 给出了 SVRCPSO 模型的预测结果和合适参数,其中也表明当这两个模型都使用 25 个输入数据时表现最好。

表 4－18 SVRCPSO 模型的参数确定

输入数据的编号	参数			测试的 MAPE /%
	σ	C	ε	
5	88.02	445.99	2.175 1	4.502
10	11.74	180.91	0.672 8	4.079
15	4.60	3 886.10	10.150 0	3.716
20	356.64	4 433.30	13.680 0	3.502
25	433.23	9 855.20	2.117 4	3.231

表 4－19 显示了使用 ARIMA(1,1,1)、GRNN($\sigma=3.33$)、TF－ε－SVR－SA、SVRPSO

和SVRCPSO几种不同的预测模型获得的实际值和预测值。计算MAPE用以将所提出的模型与其他对比模型进行比较。所提出的SVRCPSO模型具有比ARIMA、GRNN、TF-ε-SVR-SA和SVRPSO模型更小的MAPE。此外,为验证SVRCPSO模型与ARIMA(1,1,1)、GRNN($\sigma=3.33$)、TF-ε-SVR-SA和SVRPSO模型相比精度显著性的改善,开展了Wilcoxon符号秩检验和渐近测试,测试结果见表4-20和表4-21。显然,SVRCPSO模型明显优于ARIMA(1,1,1)、GRNN($\sigma=3.33$)、TF-ε-SVR-SA和SVRPSO模型。图4-13显示了不同模型的预测精度。

表4-19　ARIMA、GRNN、TF-ε-SVR-SA、SVRPSO和SVRCPSO模型的预测结果

(单位:kW·h)

时间节点	实际值($\times10^8$)	ARIMA(1,1,1)($\times10^8$)	GRNN($\sigma=3.33$)($\times10^8$)	TF-ε-SVR-SA($\times10^8$)	SVRPSO($\times10^8$)	SVRCPSO($\times10^8$)
2008年10月	181.07	192.932	191.131	184.504	184.042	181.938
2008年11月	180.56	191.127	187.827	190.361	183.577	182.186
2008年12月	189.03	189.916	184.999	202.980	183.471	182.677
2009年1月	182.07	191.995	185.613	195.753	184.210	182.794
2009年2月	167.35	189.940	184.397	167.580	184.338	182.826
2009年3月	189.30	183.988	178.988	185.936	183.725	182.746
2009年4月	175.84	189.348	181.395	180.165	184.529	184.222
MAPE/%		6.044	4.636	3.799	3.638	3.231

表4-20　Wilcoxon符号秩检验

比较模型	Wilcoxon符号秩检验	
	$\alpha=0.025$ $W=2$	$\alpha=0.05$ $W=3$
SVRCPSO与ARIMA(1,1,1)	0^*	0^*
SVRCPSO与GRNN($\sigma=3.33$)	2^*	2^*
SVRCPSO与TF-ε-SVR-SA	2^*	2^*
SVRCPSO与SVRPSO	0^*	0^*

注:*表示SVRCPSO模型显著优于其他对比模型。

表4-21　渐近测试

比较模型	渐近(S_1)测试	
	$\alpha=0.05$	$\alpha=0.10$
SVRCPSO与ARIMA(1,1,1)	$H_0:e_1=e_2$	$H_0:e_1=e_2$
	$S_1=-10.476;p=0.000$ (reject H_0)	$S_1=-10.476;p=0.000$ (reject H_0)

表 4 - 21(续)

比较模型	渐近(S_1)测试	
	$\alpha=0.05$	$\alpha=0.10$
SVRCPSO 与 GRNN($\sigma=3.33$)	$H_0:e_1=e_2$	$H_0:e_1=e_2$
	$S_1=-2.066;p=0.0194$ (reject H_0)	$S_1=-2.066;p=0.0194$ (reject H_0)
SVRCPSO 与 TF - ε - SVR - SA	$H_0:e_1=e_2$	$H_0:e_1=e_2$
	$S_1=-3.377;p=0.00036$ (reject H_0)	$S_1=-3.377;p=0.00036$ (reject H_0)
SVRCPSO 与 SVRPSO	$H_0:e_1=e_2$	$H_0:e_1=e_2$
	$S_1=-49.021;p=0.000$ (reject H_0)	$S_1=-49.021;p=0.000$ (reject H_0)

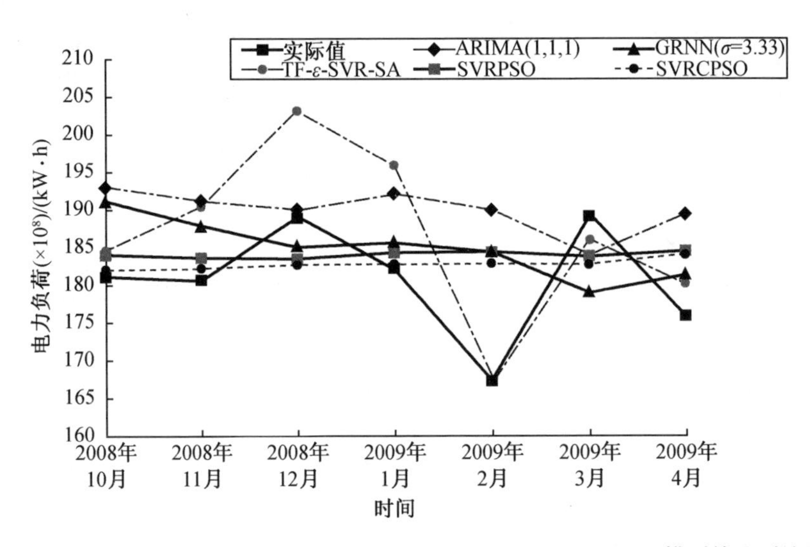

图 4 - 13　ARIMA、GRNN、TF - ε - SVR - SA、SVRPSO 和 SVRCPSO 模型的预测结果

SVRCPSO 模型的优越性能不仅仅是由几个和 SVRPSO 模型相似的原因造就的,如 SVR 模型的非线性映射能力、最小化了结构风险而不是训练误差、二次规划技术是基于凸集的假设以及全局最优解的存在性,而且是由 CPSO 的 CLS 和 AIWF 引起的。因此,如果使用优越的搜索算法,它将在理论上近似于全局最优解。

例如,根据表 4 - 18 和表 4 - 17,CPSO 通过优选 SVR 模型参数$(\sigma,C,\varepsilon)=(433.23,985.52,2.1114)$,将 SVR 模型的预测精度由 SVRPSO 模型的 MAPE = 3.638% 改善为 SVRCPSO 模型的 MAPE = 3.231%。上述结果揭示了 CLS 和 AIWF 能够通过混合 SVR 模型来避免陷入局部最小,从而提高了预测精度。在未来的研究中,不仅要着重研究混合进化算法对基于 SVR 的预测模型参数调整的可行性,而且还应该关注如何出色地确定进化算法的内部参数。例如,在本节中,对 CLS 与 PSO 进行了混合,调整 PSO 的内部结果,以获得出色的预测性能;此外,PSO的参数(如速度 v_{max}、两个正加速度系数 q_1 和 q_2)、AIWF(惯性权重 l 的最大值 l_{max} 和最小值 l_{min})应该由其他演化算法进一步确定,以获得更合适的参数组合,进一步改善预测精度。

4.7　CAS及其在参数确定中的应用

4.7.1　CACO的不足和基于混沌序列的改进

1992年,M. Dorigo等首先提出了ACO,它是由蚁群的行为引发的。在ACO中,各个人工蚁群相互配合寻找食物,其中每只蚂蚁将食物信息素放在通往食物源的路径上或放回巢穴。信息素轨迹是个体蚂蚁确定其路线的最重要的途径。通过对蚂蚁移动路径组合的概率进行启发式调整,可以确定搜索空间中函数的全局最优或接近最优。根据信息素的数量(信息素轨迹随机漫游),一条路径上的蚂蚁的概率将遵循非确定性概率理论的随机启发式。然而,ACO最初是为离散优化而提出的,它们在连续优化问题中的应用需要一些特定的转换技术。混沌和基于混沌的搜索算法具有易于实现和避免陷入局部最优的特殊功能,已经引起了人们极大的兴趣。B. J. Cole指出:"个体行为的时间分量变化可能不是简单地由随机性变化引起的,而是由依赖于初始条件的确定过程引起的。"那么可以得出结论:蚁群表现出周期性的行为而单蚂蚁则表现出低确定性的混沌活动模式。因此,将个体蚂蚁的混沌行为与蚁群智能组织觅食行为相结合,即混沌蚁群算法(CAS)。

4.7.2　CAS的进化过程

在CAS中,组织变量被用来执行蚁群的自组织觅食过程。在最佳食物源搜索过程中,组织变量将增加其对个体蚂蚁和相关蚁群的影响。首先,组织变量对个体蚂蚁的影响太弱,不能使个体蚂蚁的搜索行为混乱,即这个阶段揭示了蚂蚁之间的不协调。其次,在时间和空间上演化,组织将不断增加对个体蚂蚁行为的影响,即个体的混沌行为逐渐减少,蚂蚁(蚁群)之间开始协调。通过以前最好的位置与邻居的沟通,个体蚂蚁调整自己的位置,并移动到搜索空间中找到最好的位置。

以著名的逻辑函数表示的混沌系统如式(4-5)所示,以此获得最初的混沌搜索值。个体蚂蚁混沌行为的调整是通过组织变量 y_i 来实现的,并且 y_i 将最终导致个体蚂蚁移动到最适合的新位置,即

$$\begin{cases} y_i^{(n)} = (y_i^{(n-1)})^{1+r_i} \\ cx_{(k)id}^{(n)} = \left(cx_{(k)id}^{(n-1)} + v_i \dfrac{7.5}{\psi_d}\right)\exp((1-\exp(-ay_i^{(n)}))\left(3-\psi_d cx_{(k)id}^{(n-1)} + v_i \dfrac{7.5}{\psi_d}\right) - v_i \dfrac{7.5}{\psi_d} + \\ \qquad (f_{\mathrm{best}\,(k)id}^{(n-1)} - cx_{(k)id}^{(n-1)})\exp(-2ay_i^{(n)} + b) \end{cases} \tag{4-33}$$

其中,$cx_{(k)id}^{(n)}$是个体蚂蚁 i 的第 d 维的当前状态,其中 $d=1,2,\cdots,l$,l 是搜索空间的维数;v_i 可确定蚂蚁的搜索区域,简化为 $0<v_i<1$;a 是足够大的正常数,可以选为 $a=200$;b 是常数,$0\leqslant b\leqslant 2/3$;$r_i$ 是蚂蚁组织因子,直接影响 CAS 的收敛速度,如果 r_i 很大,意味着“混沌”搜索的迭代步骤很小,因此系统收敛速度快,不能达到所需的最优或近似最优值,反之亦然,r_i 的取值一般选择为 $0\leqslant r_i\leqslant 0.5$,每个蚂蚁可以有不同的 r_i,如 $r_i=0.3+0.02\times \text{rand}(1)$;$\psi_d$ 影响 CAS 的搜索范围,如果搜索间隔为 ω_d,则 $\psi_d\approx 7.5/\omega_d$。$cx_{(k)id}^{(1)}=\dfrac{7.5}{\psi_d}\times(1-v_i)\times \text{rand}(1)$,其中 rand(1)是(0,1)中的均匀分布的随机数。$f_{\text{best}\,(k)id}^{(n)}$是第 n 次迭代中第 i 个蚂蚁及其邻居发现的最佳位置。

在 CAS 中,蚂蚁的邻居将根据它们在空间的距离被定义为有限的蚂蚁。一般来说,邻居选择可以定义为以下两种方式:首先是固定数量的最近的邻居,最近的蚂蚁被定义为单个蚂蚁的邻居。但这种方式无法揭示蚂蚁自组织行为的影响;第二种方式是,由于蚂蚁的自组织行为的影响,要考虑邻居数量迭代增加的情况。如上所述,组织的影响会变强,蚂蚁的邻居会增加彼此的协调,并将位置调整到最佳,因此随着时间的推移或迭代步骤的增加,最近邻居的数量将会动态变化。另一方面,当每个单独的轨迹被成功调整到相邻的轨迹时,群集将收敛在搜索空间的最佳区域中。如果个体不能从邻居那里获得有关最佳食物源的信息,搜寻一些蚂蚁将会失败。为了模拟动态邻居的方式,单个蚂蚁的数量 q 被定义为每 T 次迭代增加。另外,为了确定候选邻居,采用欧几里得距离来计算两个蚂蚁之间的距离,即

$$\sqrt{(cx_{(k)i1}^{(n)}-cx_{(k)j1}^{(n)})^2+(cx_{(k)i2}^{(n)}-cx_{(k)j2}^{(n)})^2+\cdots+(cx_{(k)il}^{(n)}-cx_{(k)jl}^{(n)})^2} \tag{4-34}$$

其中,$cx_{(k)id}^{(n)}=(cx_{(k)i1}^{(n)},cx_{(k)i2}^{(n)},\cdots,cx_{(k)il}^{(n)})$,$cx_{(k)jd}^{(n)}=(cx_{(k)j1}^{(n)},cx_{(k)j2}^{(n)},\cdots,cx_{(k)jl}^{(n)})$定义为两只蚂蚁(第 i 只和第 j 只蚂蚁)的位置,$i,j=1,2,\cdots,N_k$, $i\neq j$。

CAS 的演化流程如图 4－14 所示。CAS 的相关参数设置见表 4－22。

步骤 1:初始化。定义 3 个蚁群,即 σ－蚁群、C－蚁群和 ε－蚁群,分别代表 SVR 3 个正参数 σ、C、ε。在每个蚁群搜索中蚂蚁的数目设为 10,即每次迭代搜索总共有 30 个蚂蚁。最大迭代次数设置为 20 000,以避免无限次迭代。设置 $n=0$,并采用式(4－35)来映射这 3 个参数 $X_{(k)id}^{(n)}$,$k=\sigma, C, \varepsilon$, $i=1,2,\cdots,N_k$,在区间$(x_{\min(k)i},x_{\max(k)i})$中映射为混沌变量,$cx_{(k)id}^{(n)}$位于区间(0,1)。

$$cx_{(k)id}^{(n)}=\frac{X_{(k)id}^{(n)}-x_{\min(k)i}}{x_{\max(k)i}-x_{\min(k)i}}\quad(i=1,2,\cdots,N_k) \tag{4-35}$$

在本节中,每个蚁群的搜索间隔分别为 $\sigma\in(0,500)$、$C\in(0,20\,000)$和 $\varepsilon\in(0,100)$。然后,通过使用式(4－5)来计算当前的混沌变量 $cx_{(k)id}^{(n)}$。同时,初始组织变量 $y_i^{(1)}$ 也设为 0.999。

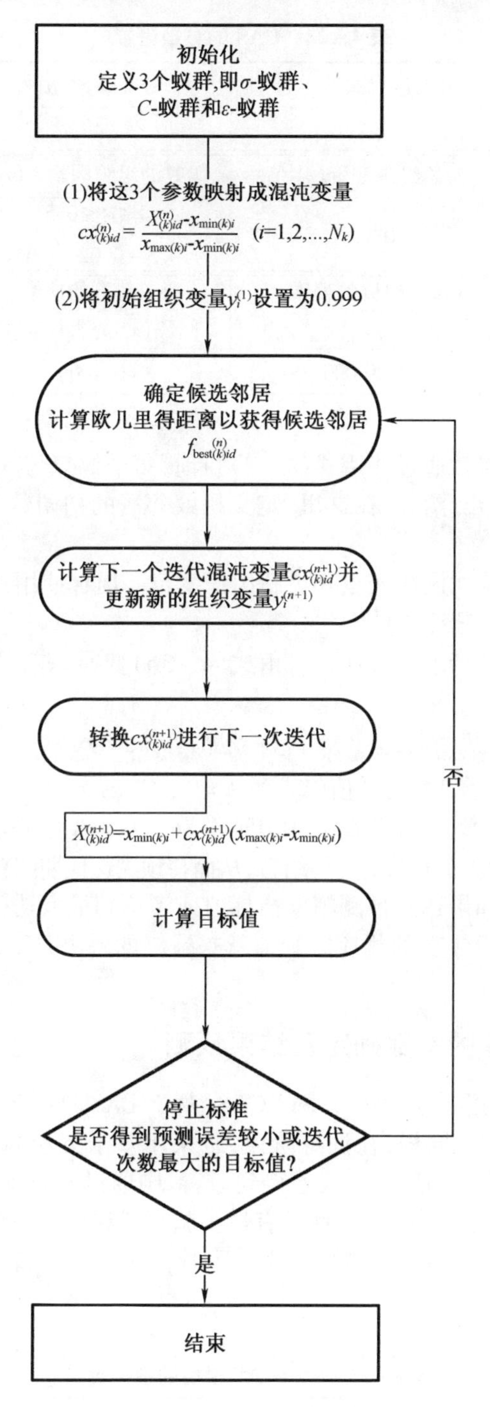

图 4－14　CAS 的流程图

表 4-22　CAS 的参数设置

每个种群的蚂蚁数量 (N_k)	最大迭代次数 (n)	分叉参数(μ)	蚂蚁 i 的搜索区域 (v_i)
10	500	4	0.5
两个正常数(a, b)	初始组织变量($y_i^{(1)}$)	蚂蚁的组织因素 i (r_i)	
$a=200$ $b=0.4$	0.999	$0 \leqslant r_i \leqslant 0.5$ $r_i=0.3+0.02\times \text{rand}(1)$	
σ - 蚁群的搜索间隔($x_{\min(\sigma)i}, x_{\max(\sigma)i}$)	C - 蚁群的搜索间隔($x_{\min(C)i}, x_{\max(C)i}$)	ε - 蚁群的搜索间隔($x_{\min(\varepsilon)i}, x_{\max(\varepsilon)i}$)	
(0,500)	(0,20 000)	(0,100)	

步骤 2:确定候选邻居。通过使用式(4-34)计算每个蚂蚁与其邻居之间的欧几里得距离,得到最近的候选邻居 $f_{\text{best}(k)id}^{(n)}$。在这里,定义蚂蚁邻居的初始数目为 2,并且每 5 次迭代增加 1 个邻居。

步骤 3:计算下一个迭代混沌变量并更新组织变量。通过使用式(4-33)来计算下一个迭代混沌变量 $cx_{(k)id}^{(n+1)}$ 和组织变量 $y_i^{(n+1)}$。

步骤 4:转换 $cx_{(k)id}^{(n+1)}$ 进行下一次迭代。由式(4-36)变换 $cx_{(k)id}^{(n+1)}$ 以获得三个参数用于下一次迭代 $X_{(k)id}^{(n+1)}$。

$$X_{(k)id}^{(n+1)}=x_{\min(k)i}+cx_{(k)id}^{(n+1)}\left(x_{\max(k)i}-x_{\min(k)i}\right) \tag{4-36}$$

步骤 5:计算目标值。将 3 个参数值($X_{(k)id}^{(n+1)}$, $k=\sigma$, C, ε, $i=1,2,\cdots,N_k$)代入 SVR 模型中,并计算预测误差(即目标函数)。在调查中,MAPE 作为 SVR 模型中确定合适参数的预测精度指标。CAS 用于寻找 SVR 中 3 个参数的更好组合,从而在预测迭代期间获得较小的 MAPE。

步骤 6:停止标准。如果达到预测精度指标值或者达到最大迭代次数,那么新的混沌变量 $cx_{(k)id}^{(n+1)}$、新的 3 个参数 $X_{(k)id}^{(n+1)}$ 的相应客观值就是最终的解决方案;否则,转到下一个迭代并返回到步骤 2。

4.7.3　基于 CAS 的参数确定及结果预测

下面将讨论所提出的混合模型——SVRCAS(基于 CAS 进行 SVR 参数优选的方法)模型的建模过程及预测性能。同样,在训练阶段,也采用基于滚动的预测程序来获得训练阶段的预测负荷和训练误差。如果训练误差得到改善,则通过 CAS 调整的 SVRCAS 模型的 3 个参数 σ、C 和 ε 来计算验证误差。选择具有最小验证错误的调整参数作为最合适的参数。表 4-23 给出了 SVRCAS 模型的预测结果和合适的参数,其中也表明这两种模式都在使用 25 个输入数据时表现最好。

表 4-23　SVRCAS 模型的参数确定

输入数据的编号	参数			测试的 MAPE /%
	σ	C	ε	
5	12.52	460.64	2.210 6	4.578
10	117.24	40.795	0.165 3	3.732
15	800.53	3 130.60	14.543 0	3.460
20	209.30	3 780.80	16.673 0	3.234
25	50.72	9 589.70	19.544 0	2.881

表 4－24 展示了使用 ARIMA(1,1,1)、GRNN(σ＝3.33)、TF－ε－SVR－SA、SVRCACO 和 SVRCAS 各种预测模型所获得的真实值和预测值。计算 MAPE，将该模型与其他预测模型进行对比。结果表明 SVRCAS 模型的 MAPE 均小于 ARIMA、GRNN、TF－ε－SVR－SA 和 SVRCACO 模型。此外，为了验证 SVRCAS 模型对比 ARIMA(1,1,1)、GRNN(σ＝3.33)、TF－ε－SVR－SA 和 SVRCACO 模型在精确度方面显著性的提升，开展了 Wilcoxon 符号秩检验和渐进测试，测试结果见表 4－25 和表 4－26。很明显，SVRCAS 模型明显优于 ARIMA(1,1,1)、GRNN(σ＝3.33)、TF－ε－SVR－SA 和 SVRCACO 模型。图 4－15 表明了各种模型的预测精确度。

表 4－24　ARIMA、GRNN、TF－ε－SVR－SA、SVRCACO 和 SVRCAS 模型的预测结果

（单位：kW · h）

时间节点	实际值 ($\times10^8$)	ARIMA (1,1,1) ($\times10^8$)	GRNN (σ＝3.33) ($\times10^8$)	TF－ε－SVR－SA ($\times10^8$)	SVRCACO ($\times10^8$)	SVRCAS ($\times10^8$)
2008 年 10 月	181.07	192.932	191.131	184.504	180.876	180.619
2008 年 11 月	180.56	191.127	187.827	190.361	182.122	180.899
2008 年 12 月	189.03	189.916	184.999	202.980	184.610	181.178
2009 年 1 月	182.07	191.995	185.613	195.753	185.233	181.457
2009 年 2 月	167.35	189.940	184.397	167.580	185.274	181.735
2009 年 3 月	189.30	183.988	178.988	185.936	184.247	182.013
2009 年 4 月	175.84	189.348	181.395	180.165	184.930	180.758
MAPE/%		6.044	4.636	3.799	3.371	2.881

表 4－25　Wilcoxon 符号秩检验

比较模型	Wilcoxon 符号秩检验	
	α＝0.025 W＝2	α＝0.05 W＝3
SVRCAS 与 ARIMA(1,1,1)	0*	0*
SVRCAS 与 GRNN(σ＝3.33)	1*	1*
SVRCAS 与 TF－ε－SVR－SA	2*	2*
SVRCAS 与 SVRCACO	0*	0*

注：* 表明 SVRCAS 模型显著优于其他可选模型。

SVRCAS 模型的性能优越性不仅源于类似 SVRCACO 模型的自身优势，如基于 SVR 模型的非线性映射能力、将结构风险最小化从而减小训练错误的能力、由于凸集假设和存在全局最优解而具有的二次编程能力，同时还源于 CAS 采用组织变量来执行蚁群的自组织觅食过程，以确定合适的参数组合。并且由于混沌序列的遍历性特征来丰富搜索行为，以避免过早收敛。因此，理论上运用这种高级搜索算法得到的结果将更接近全局最优解。例如,从表4-23和表3-21可以看到,CAS显著地提高了SVRCAS模型的预测性能。这表明将组织变量的自组织觅食机制运用于CAS能够避免陷入局部最优陷阱,从而使预测精确度得到提高。SVRCAS模型非常有意义,它关注的是个体蚂蚁的混乱行为和蚂蚁群组织觅食活动之间的相互作用,而不是给定一个“专家规则”,来协商并协调寻找更好的解决方案。因此,更好的解决方案是通过蚂蚁和蚁群之间“边做边学”的活动提出来的,从而达到或更加接近全局最优解。有时似乎是一个“实际的(数值上)规则”来指导蚁群组织,增强其对蚂蚁个体混乱行为的影响。

表4-26　渐进测试

比较模型	渐近(S_1)测试	
	$\alpha=0.05$	$\alpha=0.10$
SVRCAS与ARIMA(1,1,1)	$H_0:e_1=e_2$	$H_0:e_1=e_2$
	$S_1=-13.977;p=0.000$ (reject H_0)	$S_1=-5.780;p=0.000$ (reject H_0)
SVRCAS与GRNN($\sigma=3.33$)	$H_0:e_1=e_2$	$H_0:e_1=e_2$
	$S_1=-2.905;p=0.001\,8$ (reject H_0)	$S_1=-2.905;p=0.001\,8$ (reject H_0)
SVRCAS与TF-ε-SVR-SA	$H_0:e_1=e_2$	$H_0:e_1=e_2$
	$S_1=-3.550;p=0.000\,19$ (reject H_0)	$S_1=-3.550;p=0.000\,19$ (reject H_0)
SVRCAS与SVRCACO	$H_0:e_1=e_2$	$H_0:e_1=e_2$
	$S_1=-3.565;p=0.000\,19$ (reject H_0)	$S_1=-3.565;p=0.000\,19$ (reject H_0)

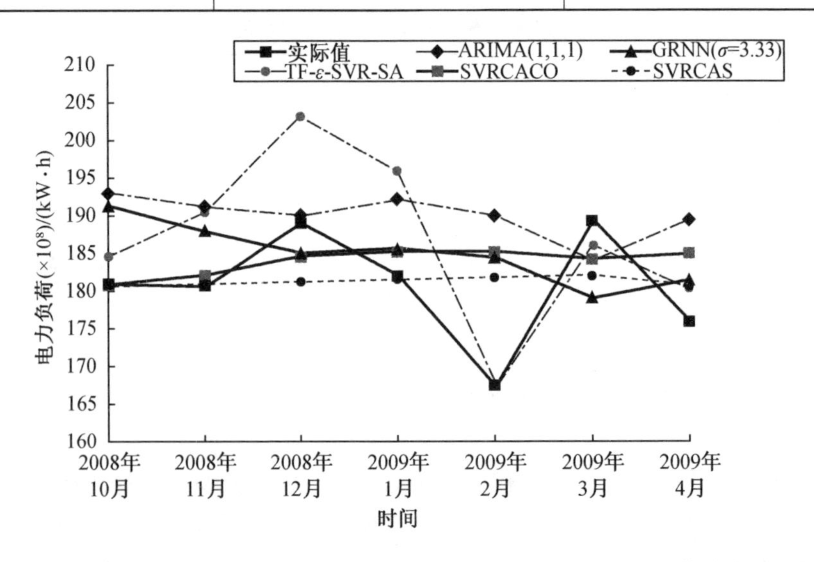

图4-15　ARIMA、GRNN、TF-ε-SVR-SA、SVRCACO和SVRCAS模型的预测结果

4.8 CABC及其在参数确定中的应用

4.8.1 ABC的缺点及基于混沌序列的改进

大多优化算法在一次迭代时间内只能进行一种参数的搜索,如PSO在开始阶段进行全局搜索,在后面的阶段进行局部搜索。而ABC在一次迭代时间内进行全局搜索和局部搜索,以确保有更大的概率检索到更合适的参数组合,从而在很大程度上有效地避免局部最优解。然而当问题的解决方案是一个区域,例如一个三维空间上的高原,周围所有的潜在解都有差不多的适应性时,若用ABC来计算这样的最优解,要达到全局最优解需要进行大量的迭代。此外,如果有许多峰值都具有相近的适应性,并且峰值之间有很大差距,ABC会在一个峰值到另一个峰值之间反复"跳跃"中出现问题。最终,在设定(或限制)迭代后,它会过早收敛。为了克服这一缺点,有必要找到一些有效的方法(如对ABC设计或者程序进行改进)来既有效果又有效率地跟踪解决方案。一种可行的方法是把关注点放在混沌方法上,它很容易实现,并且能够避免掉入局部最优陷阱。在随机优化算法里,要使得初始定义域多样化,混沌序列的应用是一种很好的选择。因为它仅需要参数设置中的微小变化或者模型中初始值的改变。在每一次蜜蜂搜索过程之后,在当前最优解决方案附近进行混沌搜索,以便选择一个更好的解决方案进入下一次迭代。由于混沌序列的遍历性特点,它将导致未来寻找最佳方案的行为产生很大不同,因此混沌序列可以用于丰富搜索行为,避免陷入局部最优陷阱。

4.8.2 CABC的进化流程

混沌人工蜂群算法(CABC)进化流程如图4-16所示。

步骤1:赋初值。定义初值样本总数N_p,搜寻雇佣寻觅样本数n_e和未雇佣寻觅样本数(旁观者)n_0,使其满足$N_p = n_e + n_0$。定义$x_{ij}(i=1,2,\cdots,N_p;j=1,2,\cdots,D)$代表SVR模型中参数组合的初始解,其中$D$是参数个数,本节中$D$的值为3。

步骤2:确定判定食物源的标准。基于ABC确定旁观者的食物源取决于其与食物源的相关概率值。然而,为了预测的准确性,旁观者会根据MAPE来选择食物源,这也作为预测精确度指标。

步骤3:产生相邻食物源(潜在解)。潜在解v_{ij}可以由旧解x_{ij}得出

$$v_{ij} = x_{ij} + \Phi_{ij}(x_{ij} - x_{kj}) \tag{4-37}$$

其中,$k \in \{1,2,\cdots,N\}$,是随机选择的指标,并且必须满足k与i值不同;Φ_{ij}是$[-1,1]$范围内的随机数。如果潜在解v_{ij}的MAPE小于或等于原解x_{ij}的MAPE,则将v_{ij}设置为新解,否则继续使用原解x_{ij}。

ABC中参数Φ_{ij}是影响收敛性的关键因素。然而式(4-37)是伪随机生成机制,不能保证随机变量在整个求解空间中遍历。因此,可以对式(4-37)运用混沌序列以确保Φ_{ij}的遍历性,应用式(4-5)可得

$$\Phi_{ij}^{(\text{chaotic})} = 2 \times [4\Phi_{ij}(1-\Phi_{ij})] - 1 \tag{4-38}$$

步骤4:确定遗弃的食物源。如果一个解不能通过预先设定的迭代步骤(有限次迭代)

来优化，则该食物源会被遗弃。该食物源的雇佣蜜蜂会通过式（4－39）重置成侦察个体，以寻找另一个新的食物源来代替被遗弃的食物源。

$$x_{ij}=\min_j+\varphi_{ij}(\max_j-\min_j) \tag{4-39}$$

其中，$\max_j$ 是最大解，$\max_j=\max\{x_{1j},x_{2j},\cdots,x_{Nj}\}$；$\min_j$ 是最小解，$\min_j=\min\{x_{1j},x_{2j},\cdots,x_{Nj}\}$；$\varphi_{ij}$是[－1,1]范围内的随机数。

与参数 Φ_{ij}一样，φ_{ij}也是影响 ABC 中收敛性的关键因素，通过应用式（4－5），φ_{ij}的混沌序列可以应用于式（4－39）中，从而有助于提高遍历性。

$$\varphi_{ij}^{(\mathrm{chaotic})}=4\varphi_{ij}(1-\varphi_{ij}) \tag{4-40}$$

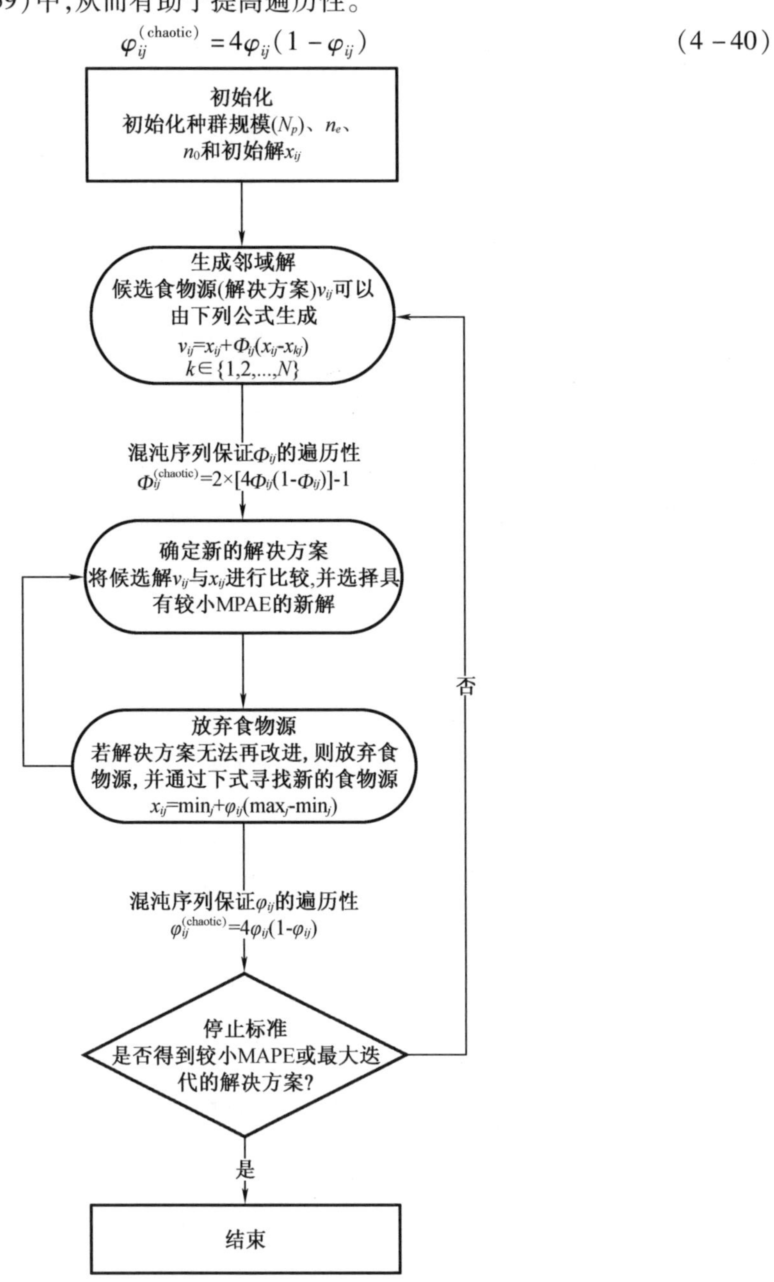

图 4－16　CABC 的流程图

步骤 5：停止准则。如果新的食物源达到了更小的 MAPE 或者达到最大迭代次数，则新的3个参数 $x_i^{(n+1)}$ 和它相应的客观值就是最终解;否则,回到步骤2,进行下一次迭代。

4.8.3 基于CABC的参数确定及结果预测

下面将讨论所提出的混合模型——SVRCABC(基于CABC进行SVR参数优选的方法)模型的建模过程及预测性能。类似地,在训练阶段,采用基于滚动的预测方法,获得训练阶段的预测负荷,接收训练误差。如果训练误差得到改善,则用CABC来调整的SVRCABC模型中3个核心参数 σ、C、ε 来计算验证误差。将矫正后的拥有最小误差的参数选择为最优参数。SVRCABC模型的参数见表4-27,表明当有25个输入数据时这种模型模拟效果最佳。

表4-27 SVRCABC模型的参数确定

输入数据的编号	参数			测试的MAPE /%
	σ	C	ε	
5	668.37	117.3	4.995 5	3.533
10	187.20	39.458	7.207 8	3.248
15	6.73	9 058.90	12.182 0	3.196
20	39.03	6 622.50	18.385 0	3.176
25	656.80	9 744.80	14.884 0	3.164

表4-28展示了使用ARIMA(1,1,1)、GRNN(σ=3.33)、TF-ε-SVR-SA、SVRABC和SVRCABC预测模型所获得的实际值和预测值。计算MAPE,将新建模型与其他预测模型进行对比。结果表明SVRCABC模型的MAPE均小于ARIMA、GRNN、TF-ε-SVR-SA和SVRABC模型。此外,为了验证SVRCABC模型对比ARIMA(1,1,1)、GRNN(σ=3.33)、TF-ε-SVR-SA和SVRABC模型在精确度方面显著性的提升,开展了Wilcoxon符号秩检验和渐近测试,测试结果分别见表4-29和表4-30。很明显,SVRCABC模型明显优于ARIMA(1,1,1)、GRNN(σ=3.33)、TF-ε-SVR-SA和SVRABC模型。图4-17表明了各种模型的预测精确度。

表4-28 ARIMA、GRNN、TF-ε-SVR-SA、SVRABC和SVRCABC模型的预测结果

(单位:kW·h)

时间节点	实际值 ($\times10^8$)	ARIMA (1,1,1) ($\times10^8$)	GRNN (σ=3.33) ($\times10^8$)	TF-ε-SVR-SA ($\times10^8$)	SVRABC ($\times10^8$)	SVRCABC ($\times10^8$)
2008年10月	181.07	192.932	191.131	184.504	184.498	182.131
2008年11月	180.56	191.127	187.827	190.361	183.372	182.788
2008年12月	189.03	189.916	184.999	202.980	183.323	182.791
2009年1月	182.07	191.995	185.613	195.753	183.549	182.793
2009年2月	167.35	189.940	184.397	167.580	183.774	182.795
2009年3月	189.30	183.988	178.988	185.936	183.999	182.747
2009年4月	175.84	189.348	181.395	180.165	183.420	182.772
MAPE/%		6.044	4.636	3.799	3.458	3.164

表 4-29　Wilcoxon 符号秩检验

比较模型	Wilcoxon 符号秩检验	
	$\alpha=0.025$ $W=2$	$\alpha=0.05$ $W=3$
SVRCABC 与 ARIMA(1,1,1)	0^*	0^*
SVRCABC 与 GRNN($\sigma=3.33$)	2^*	2^*
SVRCABC 与 TF-ε-SVR-SA	2^*	2^*
SVRCABC 与 SVRABC	0^*	0^*

注：* 表明 SVRABC 模型显著优于其他模型。

表 4-30　渐近测试

比较模型	渐近(S_1)测试	
	$\alpha=0.05$	$\alpha=0.10$
SVRCABC 与 ARIMA(1,1,1)	$H_0:e_1=e_2$	$H_0:e_1=e_2$
	$S_1=-12.695;p=0.000$ (reject H_0)	$S_1=-12.695;p=0.000$ (reject H_0)
SVRCABC 与 GRNN($\sigma=3.33$)	$H_0:e_1=e_2$	$H_0:e_1=e_2$
	$S_1=-2.508;p=0.006\ 1$ (reject H_0)	$S_1=-2.508;p=0.006\ 1$ (reject H_0)
SVRCABC 与 TF-ε-SVR-SA	$H_0:e_1=e_2$	$H_0:e_1=e_2$
	$S_1=-3.380;p=0.000\ 36$ (reject H_0)	$S_1=-3.380;p=0.000\ 36$ (reject H_0)
SVRCABC 与 SVRABC	$H_0:e_1=e_2$	$H_0:e_1=e_2$
	$S_1=-9.519;p=0.000$ (reject H_0)	$S_1=-9.519;p=0.000$ (reject H_0)

SVRCABC 模型的性能优越性不仅来源于类似 SVRABC 模型的自身优势，如基于 SVR 模型的非线性映射能力、将结构风险最小化从而减小训练错误的能力、由于凸集假设和存在全局最优解而具有的二次编程能力，而且还来源于 CABC 在一个迭代步长中同时进行全局最优和局部最优预测而达到更好的计算效果。并且由于混沌序列的遍历性特征可丰富搜索行为，以避免过早收敛。因此，理论上运用这种高级搜索算法得到的结果将更接近全局最优解。例如，从表 4-29 和表 3-25 可以看出，CABC 的应用使 SVR 模型获得了更合适的参数组合$(\sigma, C, \varepsilon)=(656.80, 9\ 744.80, 14.884\ 0)$，与利用 ABC 获得的参数组合$(\sigma, C, \varepsilon)=(38.35, 4\ 552.10, 16.845\ 0)$相比，将 SVR 模型的预测精度由 MAPE＝3.458% 改善为 MAPE＝3.164%。

上述结果表明，将混沌序列运用于 CABC 中，能够避免陷入局部最优陷阱，从而使预测精确度得到提高。SVRCABC 模型关注的是个体人工蜜蜂间的交流（舞蹈区和摇摆舞）和良好的沟通（带有混沌行为的摇摆，Φ_{ij} 和 φ_{ij}），以协商并协同寻找更好的解决方案。因此，运用蜜蜂(局部搜索)和蜂群(全局搜索)的“边搜索边交流”活动是更好的方案,从而达到或更加接近全局最优解。两个混沌变量 Φ_{ij} 和 φ_{ij} 有时就像“广播中心”,尽其所能来引导蜜蜂和蜂群加强它们的搜索方向(食物源)。所谓的“广播中心”对蜜蜂和蜂群来说是那么关键,以至于在现实中人们无意间打破了蜜蜂间的交流,就会被叮咬。

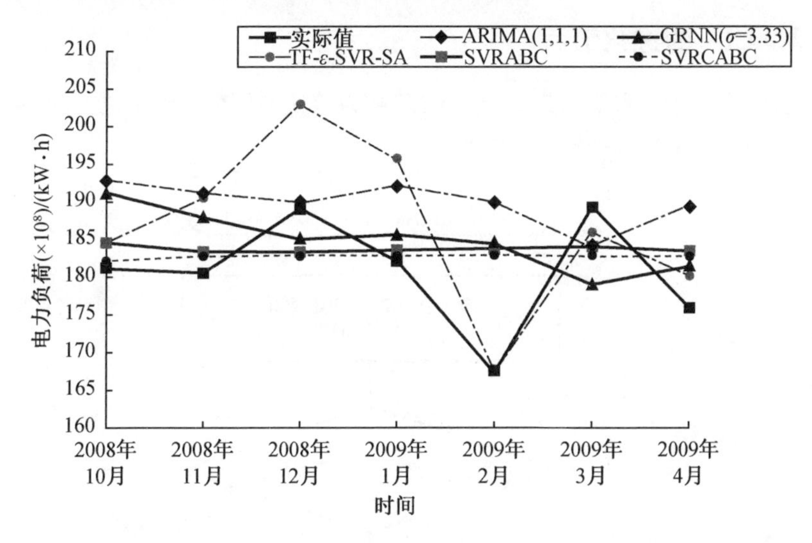

图 4 – 17　ARIMA、GRNN、TF – ε – SVR – SA、SVRABC 和 SVRCABC 模型的预测结果

4.9　CIA 及其在参数确定中的应用

4.9.1　IA 的缺点及基于混沌序列的改进

正如前文所讨论的,IA 是基于自然中免疫系统的学习机制的一种算法。IA 也是基于样本的进化算法,因此它针对求解域的探索和开发,提供了一套求解方法,以获得最优或近似最优解。所使用的样本设置的差异会决定搜索结果。IA 的演化过程决定了如果初始样本的多样性无法控制在选定的区间情况下,即若在求解区域里初始个体并不一定是完全多样化的,那么 IA 只会在一个很小的求解空间中求解,且结果跟全局最优解相差甚远,即陷入了局部最小值陷阱。为了克服这个缺点,需要寻找一些有效方法或改进 IA 的有效性来保持样本的多样性,以控制求解区域的效率和效果,进而避免出现局部最优结果。一种可行方法是将多样的染色体样本划分成一些亚组,控制不同的两组成员之间的交叉项来控制样本多样性。这种方式需要庞大的样本数量,这在商业预测程序中很少见到。另一种可行方案是关注混沌过程,利用它的可行性和特殊性来避免陷入局部最佳陷阱。

混沌序列的应用可以很好地实现随机优化过程中初始定义域的多样化,即参数设置或模型初始值的小变化。由于混沌序列的遍历性特点,它将导致未来寻找最佳方案的行为产生很大不同,因此混沌序列可以用于丰富搜索行为,避免陷入局部最优陷阱。在随机优化算法中运用混沌序列的例子有很多。L. D. S. Coelho 等应用一个混沌人工免疫网络(chaotic opt – aiNET)来解决经济调度问题(EDP),基于 Zaslavsky 的扩展频谱地图和 Lyapunov 指数成功地摆脱了局部最优陷阱,获得了稳定的结果。因此,可以相信在 IA 的初始过程中,应用混沌序列来控制初始样本多样性,进而在 SVR 模型中优化参数的选择是可行的。J. Wang 等也在确定 SVR 3 个参数方面做了混沌免疫算法(CIA)的类似应用,并且在逃脱局部最优陷阱方面表现不错。

4.9.2　CIA 的进化流程

为了设计 CIA,许多主要因素如抗体的亲和力鉴定、抗体的选择、抗体种群的交叉和突变等与 IA 类似。CIA 流程如图 4 - 18 所示。

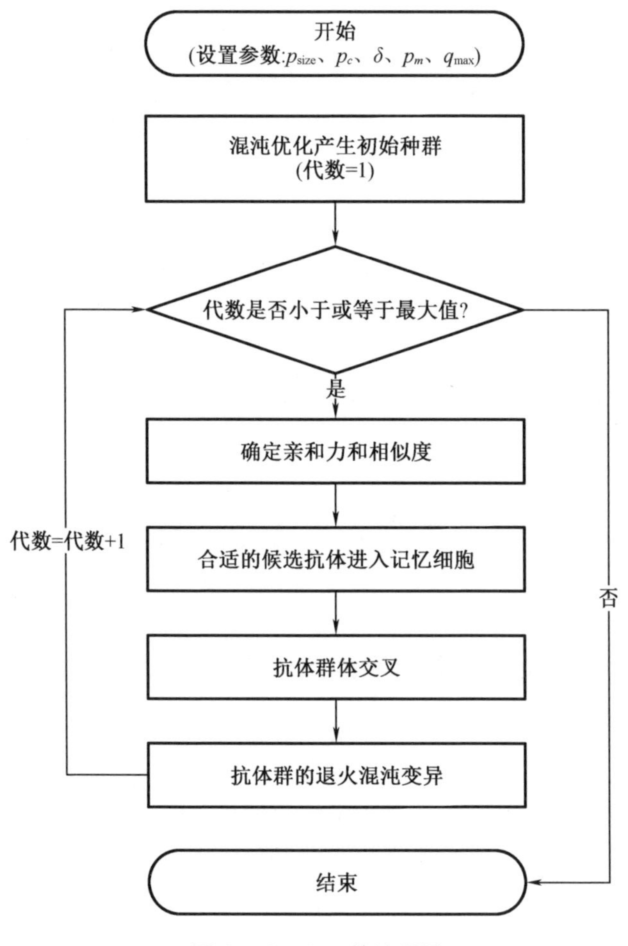

图 4 - 18　CIA 的流程图

步骤 1:抗体样本的初始化。SVR 模型中 3 个参数在第 i 次迭代的值可以用 $X_k^{(i)}$ 表示,$k=\sigma$、C、ε。定义 $i=0$,用式(4 - 41)将 3 个在区间(Min_k, Max_k)中的参数映射到在区间(0,1)中的混沌变量 $x_k^{(i)}$ 中,即

$$x_k^{(i)}=\frac{X_k^{(i)}-\mathrm{Min}_k}{\mathrm{Max}_k-\mathrm{Min}_k} \tag{4-41}$$

用混沌序列,由式(4 - 5)在 $\mu=4$ 情况下计算下一次迭代的混沌变量 $x_k^{(i+1)}$,用式(4 - 42)将 $x_k^{(i+1)}$ 转化为下一次迭代的 3 个参数 $X_k^{(i+1)}$。

$$X_k^{(i+1)}=\mathrm{Min}_k+x_k^{(i+1)}(\mathrm{Max}_k-\mathrm{Min}_k) \tag{4-42}$$

经过转变后的3个参数σ、C和ε构成最初的抗体样本,然后用二进制的字符串来表示。例如,假设一个抗体包含12个二进制代码来表示3个SVR参数,每个参数就由4个代码表示,假设参数σ、C和ε的设定界限分别是2,10,0.5,那么带有二进制编码"100101010011"的抗体就表示参数σ、C和ε的真实值分别是1.125,3.125,0.093 75。初始抗体的数量与记忆细胞相同,在本节中记忆细胞的数量设置为10。

步骤2:鉴别亲和性和相似性。较高的亲和值意味着抗原和抗体具有较高的活性。为了继续保持抗体记忆细胞中存储抗体的多样性,相似性较低的抗体被包含在记忆细胞中的概率更高。因此,具有高活性和低相似性的抗体很有可能进入记忆细胞。抗体与抗原间的亲和力可用式(4-43)表示,即

$$Ag_k = \frac{1}{(1+d_k)} \tag{4-43}$$

其中,d_k表示由抗体k引起的SVR预测误差。

抗体间的相似性为

$$Ab_{ij} = \frac{1}{(1+T_{ij})} \tag{4-44}$$

其中,T_{ij}表示由记忆细胞内部(已存在的)和外部(即将进入的)抗体所引起的SVR预测误差的差值。

步骤3:记忆细胞中抗体的选择。具有较高Ag_k的抗体被认为是进入记忆细胞的潜在候选抗体。然而,若潜在候选抗体的Ag_k超过一定范围,它们将不被允许进入记忆细胞。在本节中该范围阈值被设置为0.9。

步骤4:抗体种群的交叉。新的抗体是通过交叉和突变的进化产生的,为了执行交叉进化,代表抗体的字符串被随机配对,此外上文提出的方案中使用单点交叉原则,两个确定的断点之间的配对字符串(抗体)段将被交换。在本书中,交叉的概率被设置为0.5。最后,3个交叉参数被解码成十进制格式。

步骤5:抗体样本群的随机突变。当前求解域(Min_k,Max_k)中第i次迭代(生殖)交叉形成的抗体样本群($\hat{X}_k^{(i)}$,$k=\sigma,C,\varepsilon$)被映射到混沌变量区间[0,1]上,以组成交叉混沌变量空间$\hat{x}_k^{(i)}$,$k=\sigma,C,\varepsilon$,见式(4-45)。

$$\hat{x}_k^{(i)} = \frac{\hat{X}_k^{(i)} - \mathrm{Min}_k}{\mathrm{Max}_k - \mathrm{Min}_k} \quad (k=C,\sigma,\varepsilon;i=1,2,\cdots,q_{\max}) \tag{4-45}$$

其中,$q_{\max}$是样本迭代次数的最大值。由此第i次混沌变量$x_k^{(i)}$被统计成$\hat{x}_k^{(i)}$,运用式(4-46),变异混沌变量也被映射到区间[0,1]上。

$$\tilde{x}_k^{(i)} = \hat{x}_k^{(i)} + \delta x_k^{(i)} \tag{4-46}$$

其中,δ为退火进化。最后,在区间[0,1]上的混沌突变变量通过突变概率p_m被映射到求解区间(Min_k,Max_k)上,完成一次突变进化,即

$$\tilde{X}_k^{(i)} = \mathrm{Min}_k + \tilde{x}_k^{(i)}(\mathrm{Max}_k - \mathrm{Min}_k) \tag{4-47}$$

步骤2:停止条件。如果迭代次数达到规定的值,那么以当前最好的抗体为解;否则,回到步骤2。CIA被用于寻找SVR模型中3个参数的更好组合。在本书中,MAPE用来作为确定SVR模型合适参数评判准则(MAPE的最小值)。

4.9.3　基于 CIA 的参数确定及结果预测

下面将讨论所提出的混合模型——SVRCIA(基于 CIA 进行 SVR 参数优选的方法)模型的建模过程及预测性能。

CIA 参数设定见表 4 - 31。类似地,在训练阶段采用基于滚动的预测方法,获得了训练阶段的预测载荷和训练误差。如果训练误差得到改善,则开始用 CIA 调整 SVRCIA 模型的 3 个参数 σ、C 和 ε,计算验证误差。将矫正后的拥有最小误差的参数选择为最优参数。预测结果和 SVRCIA 模型的 3 个最佳参数见表 4 - 32,其结果也表明这种模型在输入 25 个数据时模拟效果最佳。

表 4 - 31　CIA 的参数设定

种群规模(p_{size})	最大代数(q_{max})	杂交概率(p_c)	退火操作参数(δ)	突变概率(p_m)
200	500	0.5	0.9	0.1

表 4 - 32　SVRCIA 模型的参数确定

输入数据的编号	参数			测试的 MAPE /%
	σ	C	ε	
5	14.74	347.33	1.857 0	4.195
10	9.95	90.24	0.145 9	3.638
15	109.06	7 298.30	11.953 0	3.897
20	48.03	8 399.70	14.372 0	3.514
25	30.26	4 767.30	22.114 0	3.041

表 4 - 33 展示了使用 ARIMA(1,1,1)、GRNN(σ = 3.33)、TF - ε - SVR - SA、SVRIA 和 SVRCIA 预测模型所获得的实际值和预测值。计算 MAPE,将新模型与其他预测模型进行对比。结果表明,SVRCIA 模型的 MAPE 比 ARIMA、GRNN、TF - ε - SVR - SA 和 SVRIA 模型小。此外,为了验证 SVRCIA 模型对比 ARIMA(1,1,1)、GRNN(σ = 3.33)、TF - ε - SVR - SA 和 SVRIA 模型在精确度方面显著性的改进,进行了 Wilcoxon 符号秩检验和渐近测试,测试结果见表 4 - 34 和表 4 - 35。很明显,SVRCIA 模型明显优于 ARIMA(1,1,1)、GRNN(σ = 3.33)、TF - ε - SVR - SA 和 SVRIA 模型。图 4 - 19 显示了各种模型的预测精确度。

表 4 - 33　ARIMA、GRNN、TF - ε - SVR - SA、SVRIA 和 SVRCIA 模型的预测结果

(单位:kW · h)

时间节点	实际值 ($\times 10^8$)	ARIMA (1,1,1) ($\times 10^8$)	GRNN (σ = 3.33) ($\times 10^8$)	TF - ε - SVR - SA ($\times 10^8$)	SVRIA ($\times 10^8$)	SVRCIA ($\times 10^8$)
2008 年 10 月	181.07	192.932	191.131	184.504	181.322	179.028
2008 年 11 月	180.56	191.127	187.827	190.361	181.669	179.411

表4-33(续)

时间节点	实际值 ($\times 10^8$)	ARIMA (1,1,1) ($\times 10^8$)	GRNN ($\sigma=3.33$) ($\times 10^8$)	TF-ε-SVR-SA ($\times 10^8$)	SVRIA ($\times 10^8$)	SVRCIA ($\times 10^8$)
2008年12月	189.03	189.916	184.999	202.980	183.430	179.795
2009年1月	182.07	191.995	185.613	195.753	183.964	180.176
2009年2月	167.35	189.940	184.397	167.580	184.030	180.556
2009年3月	189.30	183.988	178.988	185.936	182.829	180.934
2009年4月	175.84	189.348	181.395	180.165	183.463	178.104
MAPE/%		6.044	4.636	3.799	3.211	3.041

表4-34　Wilcoxon符号秩检验

比较模型	Wilcoxon符号秩检验	
	$\alpha=0.025$ $W=2$	$\alpha=0.05$ $W=3$
SVRCIA与ARIMA(1,1,1)	0*	0*
SVRCIA与GRNN($\sigma=3.33$)	1*	1*
SVRCIA与TF-ε-SVR-SA	1*	1*
SVRCIA与SVRIA	0*	0*

注：* 表示SVRCAS模型显著优于其他可选模型。

表4-35　渐近测试

比较模型	渐近(S_1)测试	
	$\alpha=0.05$	$\alpha=0.10$
SVRCIA与ARIMA(1,1,1)	$H_0:e_1=e_2$	$H_0:e_1=e_2$
	$S_1=-16.145$; $p=0.000$ (reject H_0)	$S_1=-16.145$; $p=0.000$ (reject H_0)
SVRCIA与GRNN($\sigma=3.33$)	$H_0:e_1=e_2$	$H_0:e_1=e_2$
	$S_1=-3.172$; $p=0.000\ 76$ (reject H_0)	$S_1=-3.172$; $p=0.000\ 76$ (reject H_0)
SVRCIA与TF-ε-SVR-SA	$H_0:e_1=e_2$	$H_0:e_1=e_2$
	$S_1=-3.220$; $p=0.000\ 64$ (reject H_0)	$S_1=-3.220$; $p=0.000\ 64$ (reject H_0)
SVRCIA与SVRIA	$H_0:e_1=e_2$	$H_0:e_1=e_2$
	$S_1=-2.695$; $p=0.003\ 52$ (reject H_0)	$S_1=-2.695$; $p=0.003\ 52$ (reject H_0)

SVRCIA 模型的性能优越性不仅来源于 SVRIA 模型的自身优势，如基于 SVR 模型的非线性映射能力、将结构风险最小化从而减小训练错误的能力、由于凸集假设和存在全局最优解而具有的二次编程能力，而且还来源于 CIA 应用混沌序列的遍历性特征来丰富搜索行为，以避免过早收敛。因此，理论上运用这种高级搜索算法得到的结果将更接近全局最优解。例如，从表 4－32 和表 3－29 可以看出，CIA 使得 SVRIA 模型克服了局部最优解(σ, C, ε)＝(149.93,4 293.10,9.479 0)，获得了更合适的解(σ, C, ε)＝(30.26,4 767.30,22.114 0)，从而将 SVRIA 模型的预报误差(MAPE＝3.211%)改善为 SVRCIA 模型的预报误差(MAPE＝3.041%)。这表明了将混沌序列运用于 CIA 中，能够避免掉入局部最优陷阱，从而使预测精度得到提高。

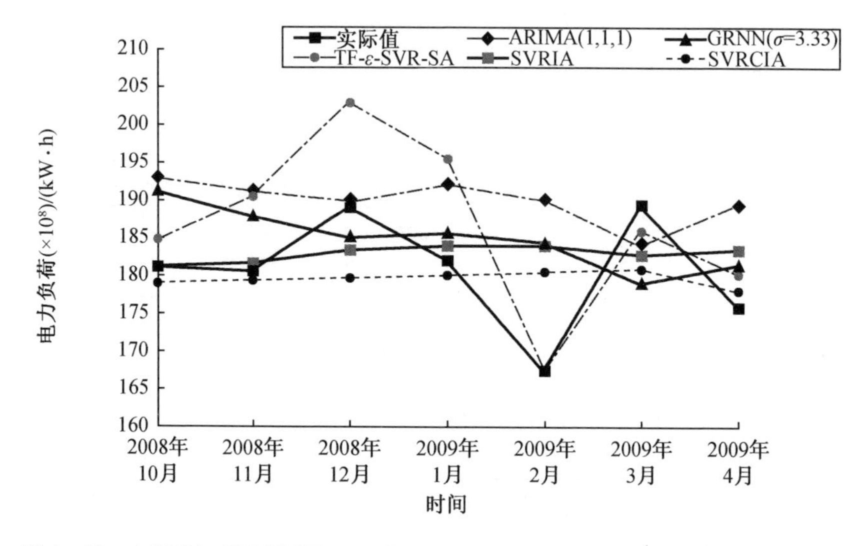

图 4－19　ARIMA、GRNN、TF－ε－SVR－SA、SVRIA 和 SVRCIA 模型的预测结果

参考文献

[1] WANG L, ZHENG D Z, LIN Q S. Survey on chaotic optimization methods[J]. Computing Technology and Automation, 2001(20):1－5.

[2] LI D, MENG H, SHI X. Membership clouds and membership cloud generators[J]. Journal of Computer Research & Development, 1995(32):15－20.

[3] LI B, JIANG W. Optimizing complex functions by chaos search[J]. Journal of Cybernetics 1998, 29(4):409－419.

[4] OHYA M. Complexities and their applications to characterization of chaos[J]. International Journal of Theoretical Physics, 1998, 37(1):495－505.

[5] LORENZ E N. Deterministic nonperiodic flow[J]. Journal of the Atmospheric Sciences, 1963(20):130－141.

[6] LIU B, WANG L, JIN Y H, et al. Improved particle swarm optimization combined with chaos[J]. Chaos, Solitons and Fractals, 2005, 25(5):1261－1271.

[7] CAI J, MA X, LI L, et al. Chaotic particle swarm optimization for economic dispatch considering the generator constraints[J]. Energy Conversion and Management, 2007, 48 (2):645 -653.

[8] MAY B R. Simple mathematical models with very complicated dynamics[J]. Nature, 1976, 261(5560):459 -467.

[9] SHENG Y X, PAN H T, XIA L Y, et al. Hybrid chaos particle swarm optimization algorithm and application in benzene - toluene flash vaporization[J]. Journal of Zhejiang University of Technology,2010,38 (3):319 -322.

[10] DONG Y, GUO H M. Adaptive chaos particle swarm optimization based on colony fitness variance[J]. Appl Res Comput,2011,28(3):854 -856.

[11] KAO Y T, ZAHARA E. A hybrid genetic algorithm and particle swarm optimization for multimodal functions[J]. Applied Soft Computing Journal, 2008, 8(2):849 -857.

[12] ZHANG F, FAN Y, SHEN C, et al. Intelligent control based on membership cloud generators[J]. Acta Aeronautica Et Astronautica Sinica, 1999(20):89 -92.

[13] YUE X, SUN Z, ZHANG Y, et al. Data mining technology in web logs based on the cloud model[J]. Application Research of Computers, 2001(11):113 -116.

[14] WEI X Q, ZHOU Y Q, HUANG H J. Adaptive particle swarm optimization algorithm based on cloud theory[J]. Comput Eng Appl,2009(45):48 -50.

[15] ZHANG Y, SHAO S. Cloud hyper mutation particle swarm optimization algorithm based on cloud model[J]. Pattern Recognition and Artificial Intelligence, 2011(24):91 -95.

[16] KAICHANG D, BEI J. The cloud theory and its applications in the spatial data mining and knowledge discovery[J]. Journal of Image & Graphics,1999(4):930 -935.

[17] LV P, YUAN L, ZHANG J. Cloud theory - based simulated annealing algorithm and application[J]. Engineering Applications of Artificial Intelligence, 2009, 22(4 -5): 742 -749.

[18] HOLLAND J. Adaptation in natural and artificial system[M]. Ann Arbor: University of Michigan Press, 1975.

[19] YUAN X H, YUAN Y B, ZHANG Y C. A hybrid chaotic genetic algorithm for short - term hydro system scheduling[J]. Mathematics and Computers in Simulation,2002,59 (4):319 -327.

[20] LIAO G C. Hybrid chaos search genetic algorithm and meta - heuristics method for short - term load forecasting[J]. Electrical Engineering, 2006, 88(3):165 -176.

[21] LV Q Z, SHEN G L, YU R Q. A chaotic approach to maintain the population diversity of genetic algorithm in network training[J]. Computational Biology & Chemistry, 2003, 27 (3):363 -371.

[22] YAN X F, CHEN D Z, HU S X. Chaos - genetic algorithms for optimizing the operating conditions based on RBF - PLS model[J]. Computers & Chemical Engineering, 2003, 27(10):1393 -1404.

[23] CHENG C T, WANG W C, XU D M, et al. Optimizing hydropower reservoir operation using hybrid genetic algorithm and chaos[J]. Water Resources Management, 2008,

22(7):895 - 909.

[24] CHEN L, AIHARA K. Chaotic simulated annealing by a neural network model with transient chaos[J]. Neural Networks, 1995(8):915 - 930.

[25] WANG L, SMITH K. On chaotic simulated annealing[J]. IEEE Transactions on Neural Networks, 1998, 9(4):716 - 718.

[26] ALIZADEH S, GHAZANFARI M. Learning FCM by chaotic simulated annealing[J]. Chaos, Solitons and Fractals, 2009, 41(3):1182 - 1190.

[27] METROPOLIS N, ROSENBLUTH A W, ROSENBLUTH M N, et al. Equations of state calculations by fast computing machines[J]. Journal of chemical physics, 1953(21): 1087 - 1092.

[28] COELHO L D S, MARIANI V C. Chaotic artificial immune approach applied to economic dispatch of electric energy using thermal units[J]. Chaos, Solitons and Fractals, 2009, 40(5):2376 - 2383.

[29] LAARHOVEN P J M, AARTS E H L. Simulated annealing: theory and applications[M]. Dordrecht:Kluwer Academic Publishers, 1987.

[30] CHEN G, MAO Y, CHUI C K. A symmetric image encryption scheme based on 3D chaotic cat maps[J]. Chaos, Solitons and Fractals, 2004, 21(3):749 - 761.

[31] LI D, CHENG D, SHI X, et al. Uncertainty reasoning based on cloud models in controllers [J]. Comput Math Appl, 1998(35):99 - 123.

[32] WANG S L, LI D R, SHI W Z, etal. Cloud model - based spatial data mining[J]. Geographic Information Sciences, 2003, 9(1 - 2):11.

[33] ZHU Y, DAI C, CHEN W. Adaptive probabilities of crossover and mutation in genetic algorithms based on cloud generators[J]. J Comput Inf Syst,2005(1):671 - 678.

[34] DEKKERS A, AARTS E. Global optimization and simulated annealing[J]. Mathematical Programming, 1991, 50(1 - 3):367 - 393.

[35] DORIGO M, MANIEZZO V, COLORNI A. Ant system: optimization by a colony of cooperating agents [J]. IEEE Transactions on Systems Man & Cybernetics Part B Cybernetics A Publication of the IEEE Systems Man & Cybernetics Society, 1996, 26 (1):29 - 41.

[36] LI Y, WEN Q, LI L, et al. Hybrid chaotic ant swarm optimization[J]. Chaos, Solitons and Fractals, 2009, 42(2):880 - 889.

[37] COLE B J. Is animal behaviour chaotic? Evidence from the activity of ants[J]. Proceedings Biological Sciences, 1991, 244(1311):253 - 259.

[38] LI L, YANG Y, PENG H, et al. Parameters identification of chaotic systems via chaotic ant swarm[J]. Chaos, Solitons and Fractals, 2006, 28(5):1204 - 1211.

[39] PAN H, WANG L, LIU B. Chaotic annealing with hypothesis test for function optimization in noisy environments[J]. Chaos, Solitons and Fractals, 2008, 35(5):888 - 894.

[40] SINGH A. An artificial bee colony algorithm for the leaf - constrained minimum spanning tree problem[J]. Applied Soft Computing, 2009, 9(2):625 - 631.

[41] MORI K, TSUKIYAMA M, FUKUDA T. Immune algorithm with searching diversity and

its application to resource allocation problem [J]. IEEJ Transactions on Electronics, Information and Systems, 1993, 113(10):872 – 878.

[42] PRAKASH A, KHILWANI N, TIWARI M K, et al. Modified immune algorithm for job selection and operation allocation problem in flexible manufacturing systems [J]. Advances in Engineering Software, 2008, 39(3):219 – 232.

[43] ZUO X Q, FAN Y S. A chaos search immune algorithm with its application to neuro – fuzzy controller design[J]. Chaos, Solitons and Fractals, 2006, 30(1):94 – 109.

[44] YANG D, LI G, CHENG G. On the efficiency of chaos optimization algorithms for global optimization[J]. Chaos, Solitons and Fractals, 2007, 34(4):1366 – 1375.

[45] TAVAZOEI M S, HAERI M. Comparison of different one – dimensional maps as chaotic search pattern in chaos optimization algorithms [J]. Applied Mathematics and Computation, 2007, 187(2):1076 – 1085.

第 5 章　计入周期/季节机制的进化 SVR 预测模型

第 4 章讨论了将混沌序列、云模型与进化算法混合，获得的 CGA、CSA、CCSA、CGASA、CPSO、CAS、CABC、CIA 等，用于 SVR 模型参数的优选，显著提高了 SVR 模型的预测精度。然而基于混合进化算法进行参数优选的 SVR 模型虽然预测精度已经得到了显著的提高，但仍然不能很好地适应实际的序列波动趋势。为了提高对每个 SVR - 混沌/云进化算法的拟合效果，本章将讨论两种组合机制（循环机制和季节机制），以期进一步提高在实际波动趋势下的拟合效果。

5.1　组合机制

5.1.1　周期性机制

对于前馈神经网络，可以在神经网络的内层建立链接，这些类型的网络被称为 RNN。RNN 所基于的主要概念是：每个单元都被视为网络的输出，并在训练过程中提供调整后的信息作为输入。RNN 在时间序列预测中得到了广泛应用，如 M. I. Jordan 定义的 RNN 模型（图 1 - 1）、J. L. Elman 定义的 RNN 模型（图 1 - 2）、R. Williams 等定义的 RNN 模型（图 1 - 3）等。这 3 种模型都包括多层感知器和隐藏层。M. I. Jordan 网络有一个从输出层到另一个输入的反馈循环，即“背景层”。然后，将背景层的输出值反馈到隐藏层中。J. L. Elman 网络有一个从隐藏层到背景层的反馈循环。在 R. Williams 等的网络中，隐藏层中的节点是完全相互连接的。前两种网络都包含来自输出层或隐藏层的额外信息源。因此，这些模型主要使用过去的信息来获取详细信息。而 R. Williams 等的网络从隐藏层获取了更多的信息并返回。因此，当模型实施时，该网络是敏感的[5]。M. I. Jordan 网络和 J. L. Elman 适合时间序列预测。在本章中，M. I. Jordan 网络被用作构建周期性 SVR 模型的基础。

在 M. I. Jordan 的 RNN 中，除了背景层中的神经元外，所有神经元都与下一层的神经元相连接。背景层是一个特殊的隐藏层。交互作用只发生在隐藏层的神经元和背景层的神经元之间。对于一个有 p 输入神经元、q 隐藏神经元和 r 输出神经元的 M. I. Jordan 网络，第 n 个神经元的输出 $f_n(t)$ 表示为

$$f_n(t) = \sum_{i=1}^{q} W_i \varphi_i(t) + b_i(t) \tag{5-1}$$

式中　W_i——隐藏层和输出层之间的比例；

$\varphi_i(t)$——隐藏神经元的输出函数，表示为

$$\varphi_i(t) = g\left(\sum_{j=1}^{P} v_{ij} x_j(t) + \sum_{k=1}^{s} \sum_{v=1}^{r} w_{ikv} f_v(t-k) + b_i(t) \right) \tag{5-2}$$

式中　v_{ij}——在输入和隐藏层之间的比例；

w_{ikv}——背景层和隐藏层在k(延迟期)和s(过去输出数据中背景层的总数)的比例。

反向传播产生的梯度用于调整神经网络的权值。反向传播算法如下所示。

第一，将式(5-2)中的n个神经元的输出重写为

$$f_n(t)=h(\boldsymbol{x}^{\mathrm{T}}(t)\boldsymbol{\varphi}(t)) \tag{5-3}$$

式中　$h(\cdot)$——$\boldsymbol{x}^{\mathrm{T}}(t)$和$f_n(t)$的非线性函数；

$\boldsymbol{x}^{\mathrm{T}}(t)$——一个输入向量，$\boldsymbol{x}^{\mathrm{T}}(t)=[x_1(t),x_2(t),\cdots,x_p(t)]^{\mathrm{T}}$；

$\boldsymbol{\varphi}(t)$——比例向量，$\boldsymbol{\varphi}(t)=[\varphi_1(t),\varphi_2(t),\cdots,\varphi_p(t)]^{\mathrm{T}}$。

然后将成本函数呈现为瞬时性能指标，即

$$J(\boldsymbol{\varphi}(t))=\frac{1}{2}[\boldsymbol{d}(t)-f_n(t)]^2=\frac{1}{2}[\boldsymbol{d}(t)-h(\boldsymbol{x}^{\mathrm{T}}(t)\boldsymbol{\varphi}(t))]^2 \tag{5-4}$$

其中，$\boldsymbol{d}(t)=[d_1(t),d_2(t),\cdots,d_p(t)]^{\mathrm{T}}$，为所需输出。

第二，给出了输出神经元瞬时输出误差和下一时刻修正后的比例向量，即

$$\boldsymbol{e}(t)=\boldsymbol{d}(t)-f_n(t)=d(t)-h(\boldsymbol{x}^{\mathrm{T}}(t)\boldsymbol{\varphi}(t)) \tag{5-5}$$

$$\boldsymbol{\varphi}(t+1)=\boldsymbol{\varphi}(t)-\eta\nabla_{\varphi}J(\boldsymbol{\varphi}(t)) \tag{5-6}$$

其中，η为学习速率。

第三，梯度$\nabla_{\varphi}J(\boldsymbol{\varphi}(t))$计算公式为

$$\nabla_{\varphi}J(\boldsymbol{\varphi}(t))=\frac{\partial J(\boldsymbol{\varphi}(t))}{\partial\boldsymbol{\varphi}(t)}=\boldsymbol{e}(t)\times\frac{\partial\boldsymbol{e}(t)}{\partial\boldsymbol{\varphi}(t)}=-\boldsymbol{e}(t)h'(\boldsymbol{x}^{\mathrm{T}}(t)\boldsymbol{\varphi}(t))\boldsymbol{x}(t) \tag{5-7}$$

其中，$h'(\cdot)$是$h(\cdot)$的一阶导数。

最后，权重修正为式(5-8)的形式

$$\boldsymbol{\varphi}(t+1)=\boldsymbol{\varphi}(t)+\eta\boldsymbol{e}(t)h'(\boldsymbol{x}^{\mathrm{T}}(t)\boldsymbol{\varphi}(t))\boldsymbol{x}(t) \tag{5-8}$$

一般基于SVR (RSVR)递归模型的体系结构如图5-1所示。

基于RSVR模型($\tilde{f}_n(t)$)的输出为

$$\tilde{f}_n(t)=\sum_{i=1}^{P}\boldsymbol{W}^{\mathrm{T}}\psi(\boldsymbol{x}^{\mathrm{T}}(t))+\boldsymbol{b}(t) \tag{5-9}$$

式(5-9)在基于SVR模型中替代式(2-47)，在搜索3个参数的值时运行基于SVR的模型循环。最后，利用式(5-9)计算预测值$\tilde{f}_n(t)$。

5.1.2　季节性机制

如前所述，由于经济活动或自然气候循环，电力负荷将呈现循环趋势。许多金融领域的研究人员已经研究了如何借助季节性指数来调整季节性误差。例如，K. Martens等、S. J. Taylor等、T. G. Andersen等运用灵活的傅里叶形式来估计每日股票交易的变化，然后得到季节性变化估计量；R. Deo等提出了修正后的模型，以进一步确定季节变化估计量是由循环周期内的两个线性组合构成的。基于数据序列类型的考虑和从以往论文中得到的启发，本书首先应用ARIMA方法确定季节长度，然后提出季节性指标，以方便调整循环效应。

$$Season_t=\ln\left(\frac{a_t}{f_t}\right)^2=2\left(\ln a_t-\ln\sum_{i=1}^{n}(\beta_i^*-\beta_i)K(x,x_i)+b\right) \tag{5-10}$$

其中，$t=j,l+j,2l+j,\cdots,(m-1)l+j$，表示在每个时间段内相同的时间点；每个时间点$j$的季节指数(SI)为

$$SI_j = \frac{\exp\left[\frac{1}{m}(season_j + season_{l+j} + \cdots + season_{(m-1)l+j})\right]}{2} \tag{5-11}$$

其中，$j=1,2,\cdots l$。季节机制过程如图 5－2 所示。

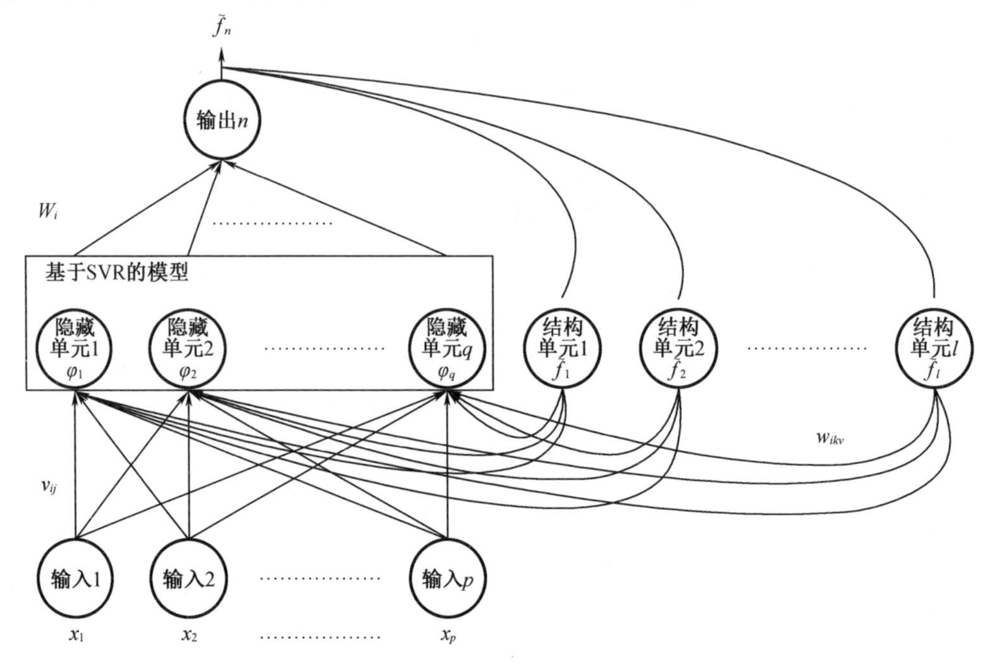

图 5－1　基于 SVR 的体系结构

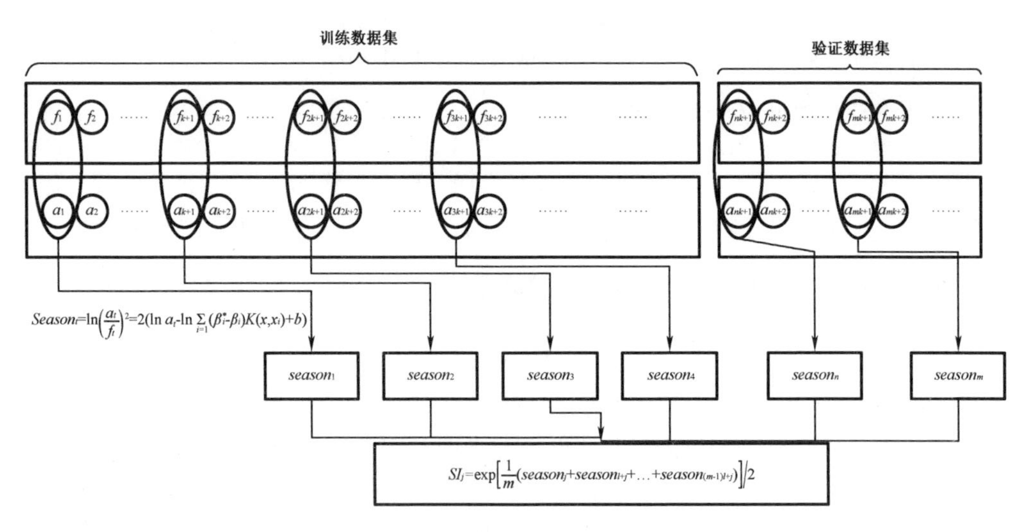

图 5－2　季节机制过程

最后，通过式（5－12）得到该模型的预测值

$$f_{N+k} = \left(\sum_{i=1}^{N}(\beta_i^* - \beta_i)K(x_i, x_{N+k}) + b\right) \times SI_k \tag{5-12}$$

其中，$k=1,2,\cdots,l$，指另一段的时间点（预测段）。

5.2　ARIMA 模型和 HW 模型

5.2.1　SARIMA 模型

对于 SARIMA 模型，通过 Minitab 14 统计软件，采用一阶正则差分和第一次季节差分来确定参数，消除非平稳和季节性特征。使用无残差自动相关和近似白噪声残差的统计包，得到采用电力荷载最佳的模型为带有常数项的 SARIMA$(4,2,2)\times(1,2,1)_{12}$模型。用于 SARIMA 模型的方程为

$$(1+1.067B+0.6578B^2+0.4569B^3+0.1819B^4)(1+0.3012B^5)W_t$$
$$=-0.7758+(1-0.8055B-0.1857B^2)(1-0.5054B^5)\varepsilon_t \quad (5-13)$$

其中，$W_t=(1-B)^2(1-B^{12})^2X_t$。

在确定了 SARIMA 模型的合适参数后，研究该模型与给定时间序列的紧密程度是非常重要的。利用 ACF 来验证参数。图 5-3 绘制了 ACF 的估计剩余量，并表示残差不相关。PACF 如图 5-4 所示，也用于检查残差，表明残差不相关。预测结果显示在表 5-1 的第三列。

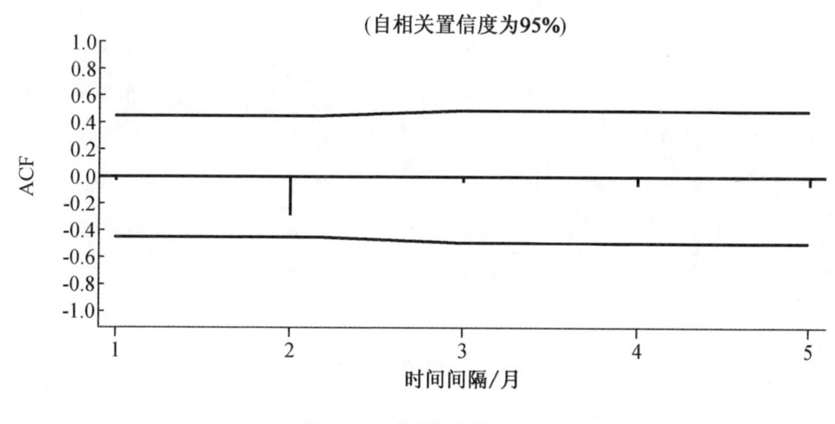

图 5-3　预计残差 ACF

5.2.2　SHW 模型

SHW 模型通过 Minitab 14 统计软件，确定 α 值和 β 值分别为0.561 8 和0.047 2。SHW 方法通过 Minitab 14 统计软件，确定适当的参数(L,α,β,γ)相应地为 0.12，0.95，0.20，0.20。预测结果见表 5-1 第四列。

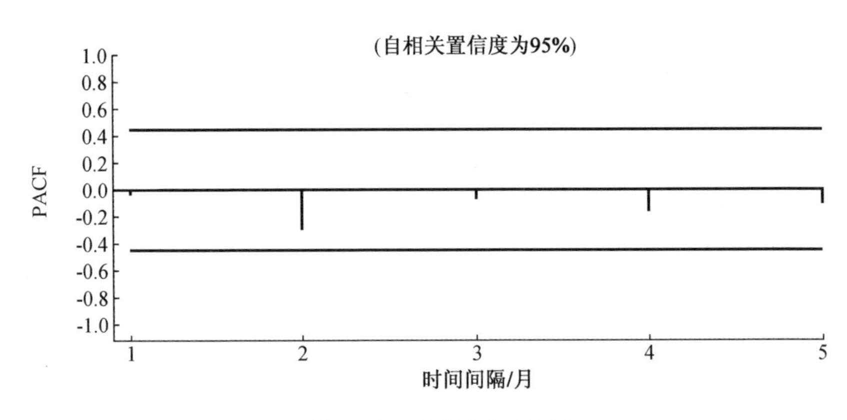

图 5-4　预计残差 PACF

表 5-1　SARIMA、SHW、GRNN 和 BPNN 模型的预测结果

(单位:kW · h)

时间节点	实际值 ($\times 10^8$)	SARIMA(4,2,2) × $(1,2,1)_{12}$ ($\times 10^8$)	SHW(0.12, 0.95, 0.20, 0.20) ($\times 10^8$)	GRNN ($\sigma=3.33$) ($\times 10^8$)	BPNN ($\times 10^8$)
2008 年 10 月	181.07	184.210	181.554	191.131	172.084
2008 年 11 月	180.56	187.638	190.312	187.827	172.597
2008 年 12 月	189.03	194.915	197.887	184.999	176.614
2009 年 1 月	182.07	197.119	193.511	185.613	177.641
2009 年 2 月	167.35	155.205	163.113	184.397	180.343
2009 年 3 月	189.30	187.090	181.573	178.988	183.830
2009 年 4 月	175.84	166.394	178.848	181.395	187.104
MAPE/%		4.404	3.566	4.636	5.062

图 5-5 给出了不同模型的预测精度。显然,这 4 种模型除了 GRNN 和 BPNN 模型,都比 ARIMA 和 HW 模型更适合。此外,为了验证 SARIMA(4,2,2) × $(1,2,1)_{12}$ 和 SHW (0.12,0.95,0.20,0.20)与 ARIMA(1,1,1)和 HW(0.561 8,0.047 2)模型精度提高的显著性,进行了 Wilcoxon 符号秩检验和渐近测试,结果见表 5-2 和表 5-3。显然,SARIMA 和 SHW 模型的表现明显优于 ARIMA 和 HW 模型。因此,在以下几节中,选取 SARIMA(4,2,2) × $(1,2,1)_{12}$ 和 SHW (0.12,0.95,0.20,0.20)与基于季节性混沌进化 SVR 模型进行比较。

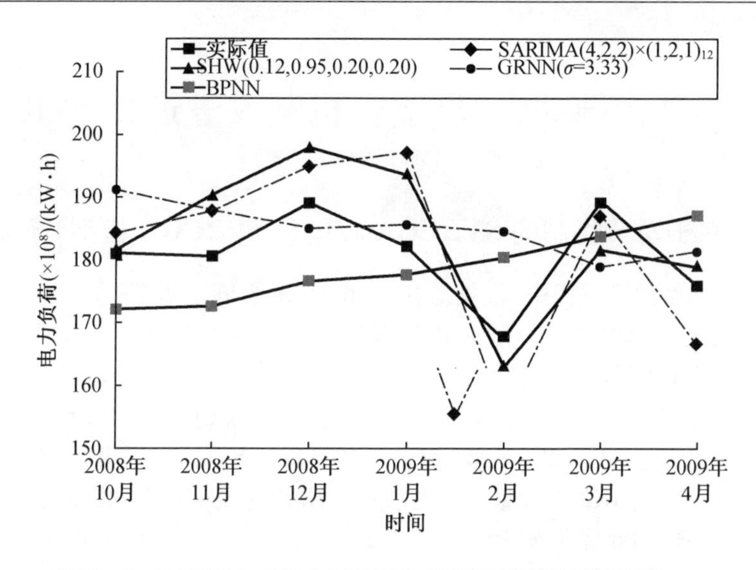

图 5－5　SARIMA、SHW、GRNN 和 BPNN 模型的预测结果

表 5－2　Wilcoxon 符号秩检验

比较模型	Wilcoxon 符号秩检验	
	$\alpha=0.025$ $W=2$	$\alpha=0.05$ $W=3$
SARIMA(4,2,2)×(1,2,1)$_{12}$与 ARIMA(1,1,1)	2*	2*
SHW (0.12, 0.95, 0.20, 0.20)与 HW(0.561 8, 0.047 2)	1*	1*

注：* 表示 SARIMA 和 SHW 模型显著优于其他对比模型。

表 5－3　渐近测试

比较模型	渐近(S_1)测试	
	$\alpha=0.05$	$\alpha=0.10$
SARIMA(4,2,2)×(1,2,1)$_{12}$与 ARIMA(1,1,1)	$H_0:e_1=e_2$	$H_0:e_1=e_2$
	$S_1=-9.511;p=0.000$ (reject H_0)	$S_1=-5.958;p=0.000$ (reject H_0)
SHW(0.12, 0.95, 0.20, 0.20)与 HW(0.561 8, 0.047 2)	$H_0:e_1=e_2$	$H_0:e_1=e_2$
	$S_1=-6.262;p=0.000$ (reject H_0)	$S_1=-6.262;p=0.000$ (reject H_0)

5.3　融合周期性/季节性机制改进进化 SVR 模型

5.3.1　基于季节机制的 SVRCGA 模型(SSVRCGA 模型)预测

SSVRCGA 模型预测过程中,根据总用电负荷,每个固定点(月)都有其电力负荷状态(具体数据模式),因此季节(循环)长度可以估计为 12。根据 4.2.3 中所提到的 SVRCGA 模型的 46 个样本预测负荷,可以估计出 12 个季节指标,在训练阶段和验证阶段分别包含 32 个和 14 个样本预测负荷,见表 5-4。不同预测模型得到的实际值和样本外预测负荷见表 5-5,包括 SARIMA$(4,2,2)\times(1,2,1)_{12}$、TF-ε-SVR-SA、SHW(0.12,0.95,0.20,0.20)、SVRCGA 和 SSVRCGA 模型。具有较小 MAPE 的 SSVRCGA 模型,由于它能够较地表示月负荷变化趋势,因此优于 SARIMA$(4,2,2)\times(1,2,1)_{12}$、SHW(0.12,0.95,0.20,0.20)、TF-ε-SVR-SA、SVRCGA 模型。根据从训练和验证阶段获得的季节性指标(每个月),季节性机制进一步修正了 SVRCGA 模型的预测结果(MAPE=3.382%),达到更精准的预测精度(MAPE=2.695%)。

表 5-4　SVRCGA 模型每个时间节点的季节性指数

时间节点	季节性指数	时间节点	季节性指数
1 月	1.016 3	7 月	1.056 6
2 月	0.905 7	8 月	1.052 7
3 月	1.008 5	9 月	0.998 7
4 月	0.983 4	10 月	0.972 6
5 月	1.011 2	11 月	1.023 7
6 月	1.014 0	12 月	1.062 7

表 5-5　SARIMA、SHW、TF-ε-SVR-SA、SVRCGA 和 SSVRCGA 模型的预测结果

(单位:kW·h)

时间节点	实际值$(\times10^8)$	SARIMA$(4,2,2)\times(1,2,1)_{12}$$(\times10^8)$	SHW(0.12,0.95,0.20,0.20)$(\times10^8)$	TF-ε-SVR-SA$(\times10^8)$	SVRCGA$(\times10^8)$	SSVRCGA$(\times10^8)$
2008 年 10 月	181.07	184.210	181.554	184.504	185.224	180.153
2008 年 11 月	180.56	187.638	190.312	190.361	186.046	190.463
2008 年 12 月	189.03	194.915	197.887	202.980	186.865	198.584
2009 年 1 月	182.07	197.119	193.511	195.753	187.680	190.739
2009 年 2 月	167.35	155.205	163.113	167.580	188.493	170.715
2009 年 3 月	189.30	187.090	181.573	185.936	189.149	190.749
2009 年 4 月	175.84	166.394	178.848	180.165	178.300	175.339
MAPE/%		4.404	3.566	3.799	3.382	2.695

此外，Wilcoxon 符号秩检验和渐近测试的结果分别显示在表 5-6 和表 5-7 中。显然，SSVRCGA 模型比 SARIMA$(4,2,2)\times(1,2,1)_{12}$模型显著地提高了预测的准确性，但是与 SHW(0.12,0.95,0.20,0.20)、TF-ε-SVR-SA 和 SVRCGA 模型相比，并没有显著地提高预测的准确性（在 Wilcoxon 符号秩检验中仅当 $\alpha=0.05$ 时，SSVRCGA 模型优于其他模型，并且在渐近测试两种情况下都优于其他模型）。尤其是与 TF-ε-SVR-SA 模型（也有季节性调整机制，但没有混合进化算法和混沌序列）进行比较，结果表明，混沌序列在过早收敛条件下可以显著提高性能。通过比较 SVRCGA 与 SSVRCGA 模型表明了季节性机制的显著优势，即使有点耗时，但是在建模过程中仍应注意这些循环信息。不同模型的预测精度如图 5-6 所示。

表 5-6　Wilcoxon 符号秩检验

比较模型	Wilcoxon 符号秩检验	
	$\alpha=0.025$ $W=2$	$\alpha=0.05$ $W=3$
SSVRCGA 与 SARIMA$(4,2,2)\times(1,2,1)_{12}$	2^*	2^*
SSVRCGA 与 SHW (0.12, 0.95, 0.20, 0.20)	3	3^*
SSVRCGA 与 TF-ε-SVR-SA	3	3^*
SSVRCGA 与 SVRCGA	3	3^*

注：* 表示 SSVRCGA 模型显著优于其他对比模型。

表 5-7　渐近测试

比较模型	渐近(S_1)测试	
	$\alpha=0.05$	$\alpha=0.10$
SSVRCGA 与 SARIMA$(4,2,2)\times(1,2,1)_{12}$	$H_0:e_1=e_2$ $S_1=-2.958;p=0.001\ 55$ (reject H_0)	$H_0:e_1=e_2$ $S_1=-2.958;p=0.001\ 55$ (reject H_0)
SSVRCGA 与 SHW (0.12, 0.95, 0.20, 0.20)	$H_0:e_1=e_2$ $S_1=-3.146;p=0.000\ 828$ (reject H_0)	$H_0:e_1=e_2$ $S_1=-3.146;p=0.000\ 828$ (reject H_0)
SSVRCGA 与 TF-ε-SVR-SA	$H_0:e_1=e_2$ $S_1=-4.284;p=0.000$ (reject H_0)	$H_0:e_1=e_2$ $S_1=-4.284;p=0.000$ (reject H_0)
SSVRCGA 与 SVRCGA	$H_0:e_1=e_2$ $S_1=-3.180;p=0.000\ 74$ (reject H_0)	$H_0:e_1=e_2$ $S_1=-3.180;p=0.000\ 74$ (reject H_0)

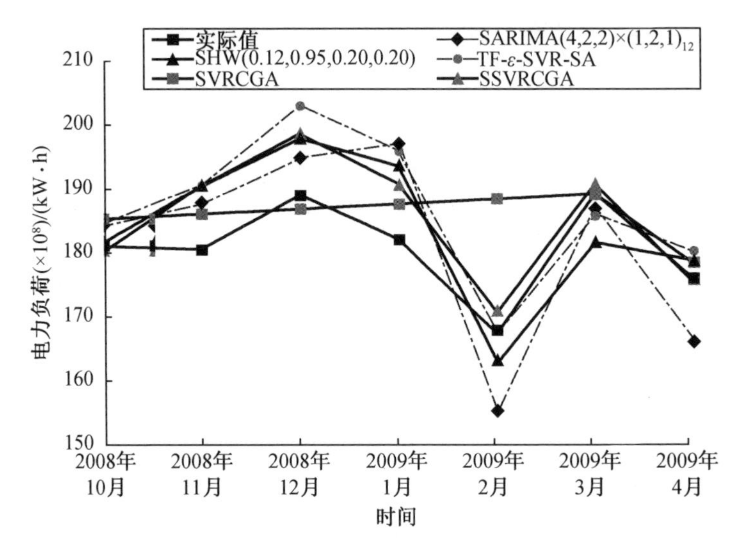

图 5-6 SARIMA、SHW、TF-ε-SVR-SA、SVRCGA 和 SSVRCGA 模型预测结果

5.3.2 基于季节机制的 SVRCSA 模型(SSVRCSA 模型)预测

在 SSVRCSA 模型预测过程中,总用电负荷的季节(循环)长度也设置为 12。因此,在 4.3.3 中所提到的 SVRCSA 模型的 46 个样本估计了 12 个季节指标的预测负荷,分别为训练阶段的 32 个样本和验证阶段的 14 个样本,见表 5-8。不同预测模型包括 SARIMA$(4,2,2)\times(1,2,1)_{12}$、TF-ε-SVR-SA、SHW(0.12,0.95,0.20,0.20)、SVRCSA 和 SSVRCSA,得到的实际值和样本外预测负荷见表 5-9。具有更小的 MAPE 的 SSVRCSA 模型,由于它能很好地反映每个月的负荷变化趋势,因此优于 SARIMA$(4,2,2)\times(1,2,1)_{12}$、SHW(0.12,0.95,0.20,0.20)、TF-ε-SVR-SA、SVRCSA 模型。基于训练和验证阶段获得的季节指标(每个月),季节性机制进一步修正了 SVRCSA 模型(MAPE=3.633%)的预测结果,达到更高的预测精度(MAPE=2.844%)。

表 5-8 SVRCSA 模型每个时间节点的季节性指数

时间节点	季节性指数	时间节点	季节性指数
1 月	1.017 0	7 月	1.071 4
2 月	0.921 2	8 月	1.063 3
3 月	1.032 4	9 月	1.006 5
4 月	0.998 8	10 月	0.989 4
5 月	1.030 2	11 月	1.043 0
6 月	1.030 1	12 月	1.061 7

表 5-9　SARIMA、SHW、TF-ε-SVR-SA、SVRCSA 和 SSVRCSA 模型预测结果

（单位：kW·h）

时间节点	实际值 ($\times10^8$)	SARIMA $(4,2,2)\times(1,2,1)_{12}$ ($\times10^8$)	SHW(0.12, 0.95, 0.20, 0.20) ($\times10^8$)	TF-ε-SVR-SA ($\times10^8$)	SVRCSA ($\times10^8$)	SSVRCSA ($\times10^8$)
2008 年 10 月	181.07	184.210	181.554	184.504	184.059	182.103
2008 年 11 月	180.56	187.638	190.312	190.361	183.717	191.626
2008 年 12 月	189.03	194.915	197.887	202.980	183.854	195.202
2009 年 1 月	182.07	197.119	193.511	195.753	184.345	187.487
2009 年 2 月	167.35	155.205	163.113	167.580	184.489	169.942
2009 年 3 月	189.30	187.090	181.573	185.936	184.186	190.149
2009 年 4 月	175.84	166.394	178.848	180.165	184.805	184.576
MAPE/%		4.404	3.566	3.799	3.633	2.844

Wilcoxon 符号秩检验和渐近测试结果见表 5-10 和表 5-11。显然，SSVRCGA 模型比 SARIMA$(4,2,2)\times(1,2,1)_{12}$和 SHW(0.12,0.95,0.20,0.20)模型显著地提高了预测的准确性，但是与 TF-ε-SVR-SA 和 SVRCGA 模型相比，并没有显著地提高预测的准确性（在 Wilcoxon 符号秩检验中仅当 $\alpha=0.05$ 时，SSVRCGA 方法优于其他模型，并且在渐近测试两种情况下都优于其他模型）。尤其是与 TF-ε-SVR-SA 模型（也有季节性调整机制，但没有混合进化算法和混沌序列）进行比较，结果表明，混沌序列可以显著提高过早收敛的性能。通过对 SVRCSA 与 SSVRCSA 模型的比较，表明新模型具有明显的季节性机制优势。在建模过程中，应该注意这些循环信息。不同模型的预测精度如图 5-7 所示。

表 5-10　Wilcoxon 符号秩检验

比较模型	Wilcoxon 符号秩检验	
	$\alpha=0.025$ $W=2$	$\alpha=0.05$ $W=3$
SSVRCSA 与 SARIMA$(4,2,2)\times(1,2,1)_{12}$	2*	2*
SSVRCSA 与 SHW (0.12,0.95,0.20, 0.20)	2*	2*
SSVRCSA 与 TF-ε-SVR-SA	3	3*
SSVRCSA 与 SVRCSA	3	3*

注：* 表示 SSVRCSA 模型显著优于其他对比模型。

表 5 - 11　渐近测试

比较模型	渐近(S_1)测试	
	$\alpha=0.05$	$\alpha=0.10$
SSVRCSA 与 SARIMA(4,2,2) × (1,2,1)$_{12}$	$H_0:e_1=e_2$	$H_0:e_1=e_2$
	$S_1=-2.657$;$p=0.003\,94$ (reject H_0)	$S_1=-2.657$;$p=0.003\,94$ (reject H_0)
SSVRCSA 与 SHW (0.12, 0.95, 0.20, 0.20)	$H_0:e_1=e_2$	$H_0:e_1=e_2$
	$S_1=-2.294$;$p=0.010\,88$ (reject H_0)	$S_1=-2.294$;$p=0.010\,88$ (reject H_0)
SSVRCSA 与 TF - ε - SVR - SA	$H_0:e_1=e_2$	$H_0:e_1=e_2$
	$S_1=-3.465$;$p=0.000\,265$ (reject H_0)	$S_1=-3.465$;$p=0.000\,265$ (reject H_0)
SSVRCSA 与 SVRCSA	$H_0:e_1=e_2$	$H_0:e_1=e_2$
	$S_1=-2.093$;$p=0.018\,2$ (reject H_0)	$S_1=-2.093$;$p=0.018\,2$ (reject H_0)

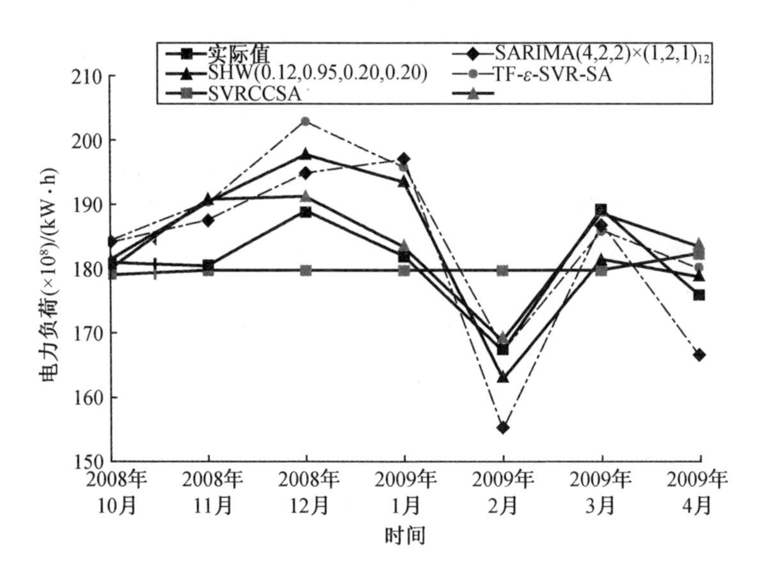

图 5 - 7　SARIMA、SHW、TF - ε - SVR - SA、SVRCSA 和 SSVRCSA 模型预测结果

5.3.3　基于季节机制的 SVRCCSA 模型(SSVRCCSA 模型)预测

在 SSVRCCSA 模型预测过程中,总用电负荷的季节(循环)长度同样设置为 12。因此,在 4.4.3 中所提到的 SVRCCSA 模型的 46 个样本估计了 12 个季节指标的预测负荷,分别为训练阶段的 32 个样本和验证阶段的 14 个样本,见表 5 - 12。不同预测模型都得到了实际值和样本外预测负荷,包括 SARIMA(4,2,2) × (1,2,1)$_{12}$、TF - ε - SVR - SA、SHW(0.12, 0.95, 0.20, 0.20)、SVRCCSA 和 SSVRCCSA 模型,见表 5 - 13。具有较小 MAPE 的 SSVRCCSA 模型,由于它能很好地预测每个月的负荷变化趋势,因此优于 SARIMA(4,2,2) ×

$(1,2,1)_{12}$、SHW(0.12,0.95,0.20,0.20)、TF－ε－SVR－SA、SVRCCSA 模型。根据从训练和验证阶段获得的季节性指标(每个月),季节性机制进一步修正了 SVRCCSA 模型的预测结果(MAPE＝3.406%),达到了更高的预测精度(MAPE＝1.973%)。

表 5－12　SVRCCSA 模型每时间节点的季节性指数

时间节点	季节性指数	时间节点	季节性指数
1 月	1.020 7	7 月	1.089 1
2 月	0.939 1	8 月	1.078 9
3 月	1.050 0	9 月	1.025 8
4 月	1.005 6	10 月	1.005 3
5 月	1.041 8	11 月	1.061 2
6 月	1.046 6	12 月	1.064 3

表 5－13　SARIMA、SHW、TF－ε－SVR－SA、SVRCCSA 和 SSVRCCSA 模型预测结果

(单位:kW·h)

时间节点	实际值 $(\times 10^8)$	SARIMA $(4,2,2)\times(1,2,1)_{12}$ $(\times 10^8)$	SHW(0.12, 0.95, 0.20, 0.20) $(\times 10^8)$	TF－ε－SVR－SA $(\times 10^8)$	SVRCCSA $(\times 10^8)$	SSVRCCSA $(\times 10^8)$
2008 年 10 月	181.07	184.210	181.554	184.504	179.138	180.083
2008 年 11 月	180.56	187.638	190.312	190.361	179.789	190.786
2008 年 12 月	189.03	194.915	197.887	202.980	179.834	191.389
2009 年 1 月	182.07	197.119	193.511	195.753	179.835	183.551
2009 年 2 月	167.35	155.205	163.113	167.580	179.835	168.878
2009 年 3 月	189.30	187.090	181.573	185.936	179.835	188.819
2009 年 4 月	175.84	166.394	178.848	180.165	182.514	183.542
MAPE/%		4.404	3.566	3.799	3.406	1.973

Wilcoxon 符号秩检验和渐近测试结果见表 5－14 和表 5－15。显然,SSVRCCGA 模型比 SARIMA$(4,2,2)\times(1,2,1)_{12}$、SHW(0.12,0.95,0.20,0.20)、TF－ε－SVR－SA 和 SVRCCSA 模型显著地提高了预测的准确性。尤其是与 TF－ε－SVR－SA 模型(也有季节性调整机制,但没有混合进化算法和混沌序列)比较,结果也表明混沌序列可以显著改善进化算法的过早收敛。通过对 SVRCCSA 与 SSVRCCSA 模型的比较,表明后者具有明显的季节性机制优势。在建模的过程中,应该注意此类循环信息。不同模型的预测精度如图 5－8 所示。

表 5 – 14　Wilcoxon 符号秩检验

比较模型	Wilcoxon 符号秩检验	
	$\alpha=0.025$ $W=2$	$\alpha=0.05$ $W=3$
SSVRCCSA 与 SARIMA(4,2,2)×(1,2,1)$_{12}$	2*	2*
SSVRCCSA 与 SHW (0.12, 0.95, 0.20, 0.20)	2*	2*
SSVRCCSA 与 TF – ε – SVR – SA	2*	2*
SSVRCCSA 与 SVRCCSA	1*	1*

注：* 表示 SSVRCCSA 模型显著优于其他对比模型。

表 5 – 15　渐近测试

比较模型	渐近(S_1)测试	
	$\alpha=0.05$	$\alpha=0.10$
SSVRCCSA 与 SARIMA(4,2,2)×(1,2,1)$_{12}$	$H_0:e_1=e_2$	$H_0:e_1=e_2$
	$S_1=-2.945$;$p=0.00162$ (reject H_0)	$S_1=-2.945$;$p=0.00162$ (reject H_0)
SSVRCCSA 与 SHW (0.12, 0.95, 0.20,0.20)	$H_0:e_1=e_2$	$H_0:e_1=e_2$
	$S_1=-3.066$;$p=0.00109$ (reject H_0)	$S_1=-3.066$;$p=0.00109$ (reject H_0)
SSVRCCSA 与 TF – ε – SVR – SA	$H_0:e_1=e_2$	$H_0:e_1=e_2$
	$S_1=-3.788$;$p=0.00008$ (reject H_0)	$S_1=-3.788$;$p=0.00008$ (reject H_0)
SSVRCCSA 与 SVRCCSA	$H_0:e_1=e_2$	$H_0:e_1=e_2$
	$S_1=-1.976$;$p=0.0241$ (reject H_0)	$S_1=-1.976$;$p=0.0241$ (reject H_0)

SSVRCCSA 模型在负荷预测中的显著优势可以归纳为以下几个方面：首先，Y 条件云发生器可以明显保证温度持续降低，克服了原 SA 的不足，容易适应更糟糕的情况，使温度降到低温的同时收敛到局部最小，即它可以帮助原 SA 模拟实际的物理退火过程，避免过早收敛；其次，季节机制可以成功地确定循环长度，并为每个周期点计算合适的季节指标。

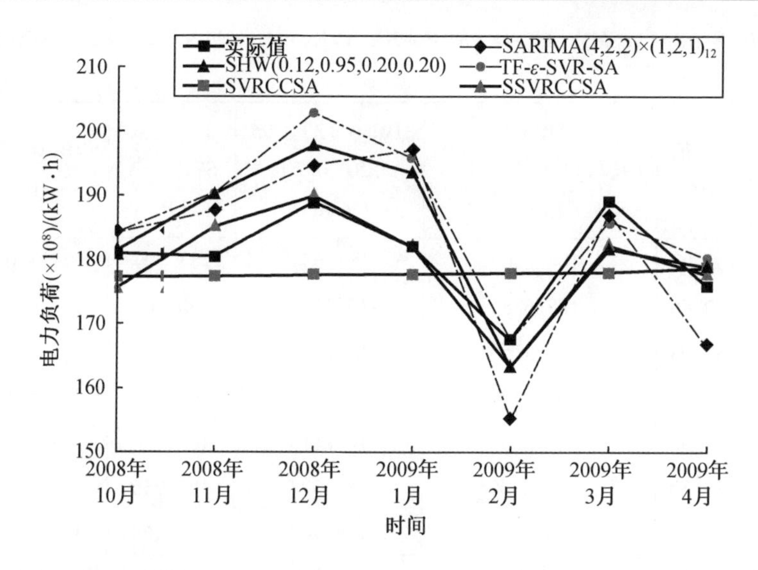

图5-8 SARIMA、SHW、TF-ε-SVR-SA、SVRCCSA和SSVRCCSA模型预测结果

5.3.4 基于季节机制的SVRCGASA模型(SSVRCGASA模型)预测

在SSVRCGASA模型预测过程中,总用电负荷的季节(循环)长度设置为12。在4.5.3中所提到的SVRCGASA模型的46个样本估计了12个季节指标的预测负荷,分别为训练阶段的32个样本和验证阶段的14个样本,见表5-16。不同预测模型所得到的实际值和样本外预测负荷见表5-17,包括SARIMA$(4,2,2)\times(1,2,1)_{12}$、TF-ε-SVR-SA、SHW(0.12,0.95,0.20,0.20)、SVRCGASA和SSVRCGASA模型。具有较小MAPE的SSVRCGASA模型,由于它能很好地预测每个月的负荷变化趋势,因此优于SARIMA$(4,2,2)\times(1,2,1)_{12}$、SHW(0.12,0.95,0.20,0.20)、TF-ε-SVR-SA、SVRCGASA模型。基于训练和验证阶段获得的季节指标(每个月),季节性机制进一步修正了SVRCGASA模型(MAPE=3.731%)的预测结果,达到了更高的预测精度(MAPE=1.901%)。

表5-16 SVRCGASA模型每个时间节点的季节指数

时间节点	季节性指数	时间节点	季节性指数
1月	1.023 9	7月	1.077 5
2月	0.918 0	8月	1.074 2
3月	1.023 4	9月	1.018 9
4月	0.994 1	10月	0.990 6
5月	1.027 1	11月	1.043 8
6月	1.032 1	12月	1.069 4

表 5－17　SARIMA、SHW、TF－ε－SVR－SA、SVRCGASA 和 SSVRCGASA 模型预测结果

（单位：kW · h）

时间节点	实际值（$\times10^8$）	SARIMA $(4,2,2)\times(1,2,1)_{12}$（$\times10^8$）	SHW(0.12, 0.95, 0.20, 0.20)（$\times10^8$）	TF－ε－SVR－SA（$\times10^8$）	SVRCGASA（$\times10^8$）	SSVRCGASA（$\times10^8$）
2008 年 10 月	181.07	184.210	181.554	184.504	177.300	175.639
2008 年 11 月	180.56	187.638	190.312	190.361	177.443	185.210
2008 年 12 月	189.03	194.915	197.887	202.980	177.585	189.907
2009 年 1 月	182.07	197.119	193.511	195.753	177.726	181.970
2009 年 2 月	167.35	155.205	163.113	167.580	177.867	163.281
2009 年 3 月	189.30	187.090	181.573	185.936	178.008	182.175
2009 年 4 月	175.84	166.394	178.848	180.165	178.682	177.629
MAPE/%		4.404	3.566	3.799	3.731	1.901

Wilcoxon 符号秩检验和渐近测试结果见表 5－18 和表 5－19。显然，SSVRCGASA 模型比 SARIMA$(4,2,2)\times(1,2,1)_{12}$、SHW(0.12,0.95,0.20,0.20)、TF－ε－SVR－SA 和 SVRCGASA 模型显著地提高了预测精度。尤其是与 TF－ε－SVR－SA 模型（也有季节调整机制，但没有混合进化算法和混沌序列）相比较，还发现混沌序列在过早收敛情况下可以显著提高性能。通过对 SVRCGASA 和 SSVRCGASA 模型的比较，表明了季节机制的显著优势，可以成功地确定循环长度，并为每个循环点计算合适的季节指标。需要注意的是，所提出的 SSVRCGASA 模型将实现 SVR 建模、CGASA 导引和季节机制 3 个过程，当然，这将花费一些合理的处理时间。然而，在建模过程中，对循环信息的分析是值得关注的。图 5－9 给出了不同模型的预测精度。

表 5－18　Wilcoxon 符号秩检验

比较模型	Wilcoxon 符号秩检验	
	$\alpha=0.025$ $W=2$	$\alpha=0.05$ $W=3$
SSVRCGASA 与 SARIMA$(4,2,2)\times(1,2,1)_{12}$	2*	2*
SSVRCGASA 与 SHW (0.12, 0.95, 0.20, 0.20)	2*	2*
SSVRCGASA 与 TF－ε－SVR－SA	0*	0*
SSVRCGASA 与 SVRCGASA	2*	2*

注：* 表示 SSVRCGASA 模型显著优于其他对比模型。

表 5 - 19　渐近测试

比较模型	渐近(S_1)测试	
	$\alpha = 0.05$	$\alpha = 0.10$
SSVRCGASA 与 SARIMA(4,2,2) × (1,2,1)$_{12}$	$H_0: e_1 = e_2$	$H_0: e_1 = e_2$
	$S_1 = -3.329; p = 0.000\,432$ (reject H_0)	$S_1 = -3.329; p = 0.000\,432$ (reject H_0)
SSVRCGASA 与 SHW (0.12, 0.95, 0.20, 0.20)	$H_0: e_1 = e_2$	$H_0: e_1 = e_2$
	$S_1 = -17.745; p = 0.000$ (reject H_0)	$S_1 = -17.745; p = 0.000$ (reject H_0)
SSVRCGASA 与 TF - ε - SVR - SA	$H_0: e_1 = e_2$	$H_0: e_1 = e_2$
	$S_1 = -6.222; p = 0.000$ (reject H_0)	$S_1 = -6.222; p = 0.000$ (reject H_0)
SSVRCGASA 与 SVRCGASA	$H_0: e_1 = e_2$	$H_0: e_1 = e_2$
	$S_1 = -2.563; p = 0.005\,185$ (reject H_0)	$S_1 = -2.563; p = 0.005\,185$ (reject H_0)

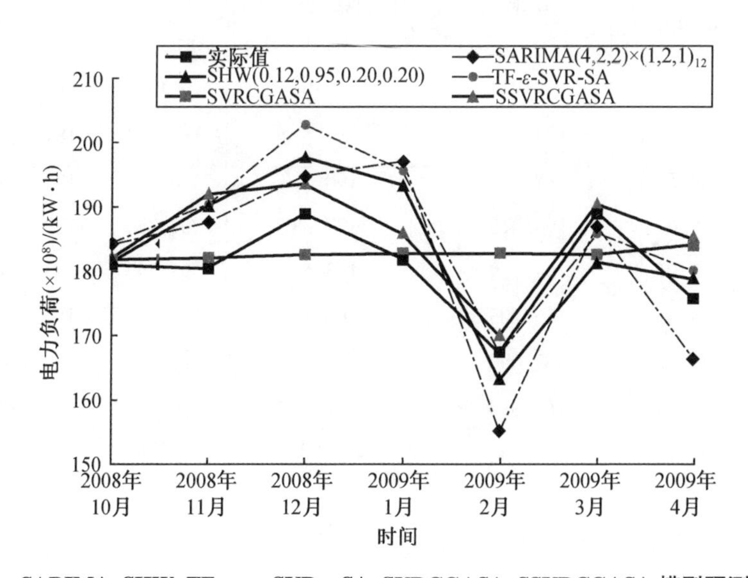

图 5 - 9　SARIMA、SHW、TF - ε - SVR - SA、SVRCGASA、SSVRCGASA 模型预测结果

5.3.5　基于季节机制的 SVRCPSO 模型(SSVRCPSO 模型)预测

在 SSVRCPSO 模型预测过程中,总用电负荷的季节(循环)长度同样设置为 12。因此,在 4.6.3 中所提到的 SVRCPSO 模型的 46 个样本预测负荷估计了 12 个季节指标,在训练阶段和验证阶段分别包含 32 和 14 个样本预测负荷,见表 5 - 20。通过不同的预测模型(SARIMA(4,2,2) × (1,2,1)$_{12}$、TF - ε - SVR - SA、SHW(0.12,0.95,0.20,0.20)、SVRCPSO、SSVRCPSO)得到的实际值和样本预测负荷见表 5 - 21。具有较小 MAPE 的 SSVRCPSO 模型优于 SARIMA(4,2,2) × (1,2,1)$_{12}$、SHW(0.12,0.95,0.20,0.20)、TF - ε -

SVR－SA、SVRCPSO 模型，因为它能够很好地预测每个月负载变化趋势。季节性机制进一步修正了 SVRCPSO 模型（MAPE＝3.231%）的预测结果，基于从训练和验证阶段获得的季节指标（每个月），达到更高的预测精度（MAPE＝2.699%）。

表 5－20　SVRCPSO 模型每个时间节点的季节性指数

时间节点	季节性指数	时间节点	季节性指数
1 月	1.060 6	7 月	1.043 0
2 月	1.017 0	8 月	1.079 1
3 月	0.929 8	9 月	1.078 4
4 月	1.042 9	10 月	1.021 0
5 月	1.004 6	11 月	0.999 2
6 月	1.040 1	12 月	1.054 5

表 5－21　SARIMA、SHW、TF－ε－SVR－SA、SVRCPSO、SSVRCPSO 模型预测结果

（单位：kW · h）

时间节点	实际值（$\times 10^8$）	SARIMA $(4,2,2)\times(1,2,1)_{12}$（$\times 10^8$）	SHW(0.12, 0.95, 0.20, 0.20)（$\times 10^8$）	TF－ε－SVR－SA（$\times 10^8$）	SVRCPSO（$\times 10^8$）	SSVRCPSO（$\times 10^8$）
2008 年 10 月	181.07	184.210	181.554	184.504	181.938	181.796
2008 年 11 月	180.56	187.638	190.312	190.361	182.186	192.118
2008 年 12 月	189.03	194.915	197.887	202.980	182.677	193.740
2009 年 1 月	182.07	197.119	193.511	195.753	182.794	185.885
2009 年 2 月	167.35	155.205	163.113	167.580	182.826	169.984
2009 年 3 月	189.30	187.090	181.573	185.936	182.746	190.590
2009 年 4 月	175.84	166.394	178.848	180.165	184.222	185.072
MAPE/%		4.404	3.566	3.799	3.231	2.699

Wilcoxon 符号秩检验和渐近测试结果分别见表 5－22 和表 5－23。显然，SSVRCPSO 模型只比 SHW(0.12,0.95,0.20,0.20)模型显著提高了预测精度，与 SARIMA$(4,2,2)\times(1,2,1)_{12}$、TF－$\varepsilon$－SVR－SA（在 Wilcoxon 符号秩检验中仅当 $\alpha=0.05$ 时优于其他模型；而在渐近测试中，两种情况都优于其他模型）和 SVRCPSO 模型（在 Wilcoxon 符号秩检验中，两种情况都优于其他模型；在渐近测试中仅当 $\alpha=0.10$ 时优于其他模型）相比，预测精度并未全部显著提高。与 TF－ε－SVR－SA 模型（也有季节调整机制，但没有混合进化算法和混沌序列）相比较，还可发现混沌序列在过早收敛方面可以显著提高性能。通过对 SVRCPSO 和 SSVRCPSO 模型进行比较，表明了后者具有明显的季节性机制优势。需要注意的是，所提出的 SSVRCPSO 模型将实现包括 SVR 建模、CPSO 导引和季节性机制 3 个过程，当然这将花费一些合理的处理时间。然而，在建模过程中，对循环信息的分析是值得关注的。图 5－10 给出了不同模型的预测精度。

表 5-22　Wilcoxon 符号秩检验

比较模型	Wilcoxon 符号秩检验	
	$\alpha=0.025$ $W=2$	$\alpha=0.05$ $W=3$
SSVRCPSO 与 $SARIMA(4,2,2)\times(1,2,1)_{12}$	3	3*
SSVRCPSO 与 SHW (0.12, 0.95, 0.20, 0.20)	2*	2*
SSVRCPSO 与 TF-ε-SVR-SA	3	3*
SSVRCPSO 与 SVRCPSO	2*	2*

注：* 表示 SSVRCPSO 模型显著优于其他对比模型。

表 5-23　渐近测试

比较模型	渐近(S_1)测试	
	$\alpha=0.05$	$\alpha=0.10$
SSVRCPSO 与 $SARIMA(4,2,2)\times(1,2,1)_{12}$	$H_0:e_1=e_2$	$H_0:e_1=e_2$
	$S_1=-2.586;p=0.004\ 856$ (reject H_0)	$S_1=-2.586;p=0.004\ 856$ (reject H_0)
SSVRCPSO 与 SHW (0.12, 0.95, 0.20, 0.20)	$H_0:e_1=e_2$	$H_0:e_1=e_2$
	$S_1=-2.177;p=0.014\ 72$ (reject H_0)	$S_1=-2.177;p=0.014\ 72$ (reject H_0)
SSVRCPSO 与 TF-ε-SVR-SA	$H_0:e_1=e_2$	$H_0:e_1=e_2$
	$S_1=-3.266;p=0.000\ 548$ (reject H_0)	$S_1=-3.266;p=0.000\ 548$ (reject H_0)
SSVRCPSO 与 SVRCPSO	$H_0:e_1=e_2$	$H_0:e_1=e_2$
	$S_1=-1.450;p=0.073\ 5$ (not reject H_0)	$S_1=-1.450;p=0.073\ 5$ (reject H_0)

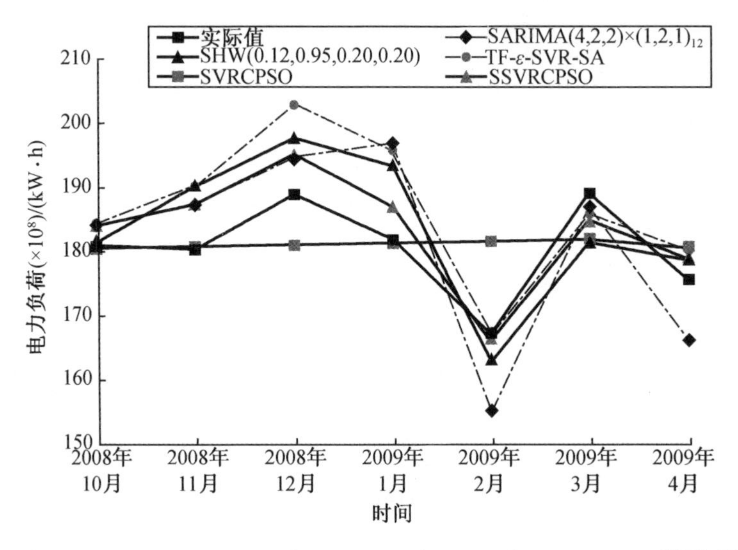

图 5-10 SARIMA、SHW、TF-ε-SVR-SA、SVRCPSO 和 SSVRCPSO 模型预测结果

5.3.6 基于季节机制的 SVRCAS 模型(SSVRCAS 模型)预测

在 SSVRCAS 模型预测过程中,总用电负荷的季节(循环)长度设置为 12。因此,在 4.7.3 中所提到的 SVRCAS 模型的 46 个样本预测负荷估计了 12 个季节指标,在训练阶段和验证阶段分别包含 32 个和 14 个样本预测负荷,见表 5-24。通过不同的预测模型(SARIMA$(4,2,2)\times(1,2,1)_{12}$、TF-$\varepsilon$-SVR-SA、SHW(0.12,0.95,0.20,0.20)、SVRCAS 和 SSVRCAS),得到的实际值和样本外预测负荷见表 5-25。具有较小 MAPE 的 SSVRCAS 模型优于 SARIMA$(4,2,2)\times(1,2,1)_{12}$、SHW(0.12,0.95,0.20,0.20)、TF-ε-SVR-SA、SVRCAS 模型,因为它能够很好地预测每个月负载变化趋势。季节性机制进一步修正了 SVRCAS 模型(MAPE=2.881%)的预测结果,获得了更高的预测精度(MAPE=2.341%)。

表 5-24 SVRCAS 模型每个时间节点的季节性指数

时间节点	季节性指数	时间节点	季节性指数
1 月	1.031 1	7 月	1.067 3
2 月	0.914 0	8 月	1.061 7
3 月	1.017 5	9 月	1.007 9
4 月	0.990 6	10 月	1.019 7
5 月	1.019 1	11 月	1.036 2
6 月	1.023 3	12 月	1.078 3

表5-25　SARIMA、SHW、TF-ε-SVR-SA、SVRCAS 和 SSVRCAS 模型预测结果

（单位:kW·h）

时间节点	实际值（×10^8）	SARIMA $(4,2,2)\times(1,2,1)_{12}$（×$10^8$）	SHW(0.12, 0.95, 0.20, 0.20)（×10^8）	TF-ε-SVR-SA（×10^8）	SVRCAS（×10^8）	SSVRCAS（×10^8）
2008年10月	181.07	184.210	181.554	184.504	180.619	184.171
2008年11月	180.56	187.638	190.312	190.361	180.899	187.452
2008年12月	189.03	194.915	197.887	202.980	181.178	195.366
2009年1月	182.07	197.119	193.511	195.753	181.457	187.096
2009年2月	167.35	155.205	163.113	167.580	181.735	166.106
2009年3月	189.30	187.090	181.573	185.936	182.013	185.191
2009年4月	175.84	166.394	178.848	180.165	180.758	179.055
MAPE/%		4.404	3.566	3.799	2.881	2.341

Wilcoxon 符号秩检验和渐近测试结果分别见表5-26和表5-27。显然，SSVRCAS 模型与 TF-ε-SVR-SA 和 SVRCAS 模型相比，显著地提高了预测精度，但与 SARIMA$(4,2,2)\times(1,2,1)_{12}$和 SHW(0.12,0.95,0.20,0.20)模型（在 Wilcoxon 符号秩检验中仅当 $\alpha=0.05$ 时优于其他模型；而在渐近测试中，两种情况都优于其他模型）相比并没有完全显著提高预测精度。尤其是与 TF-ε-SVR-SA 模型（也有季节调整机制，但没有混合进化算法和混沌序列）相比较，还发现混沌序列在过早收敛方面可以显著提高性能。通过对 SVRCAS 和 SSVRCAS 模型进行比较，表明了季节机制的优越性。需要注意的是，所提出的 SSVRCAS 模型将实现包括 SVR 建模、CAS 引导和季节机制3个过程，当然这将花费一些合理的处理时间。然而，在建模过程中，对循环信息的分析是值得关注的。图5-11给出了不同模型的预测精度。

表5-26　Wilcoxon 符号秩检验

比较模型	Wilcoxon 符号秩检验	
	$\alpha=0.025$ $W=2$	$\alpha=0.05$ $W=3$
SSVRCAS 与 SARIMA$(4,2,2)\times(1,2,1)_{12}$	3	3*
SSVRCAS 与 SHW (0.12, 0.95, 0.20, 0.20)	3	3*
SSVRCAS 与 TF-ε-SVR-SA	0*	0*
SSVRCAS 与 SVRCAS	2*	2*

注：* 表示 SSVRCAS 模型显著优于其他对比模型。

表 5－27 渐近测试

比较模型	渐近(S_1)测试	
	$\alpha=0.05$	$\alpha=0.10$
SSVRCAS 与 SARIMA(4,2,2)×(1,2,1)$_{12}$	$H_0:e_1=e_2$	$H_0:e_1=e_2$
	$S_1=-3.477$；$p=0.000\ 253$ (reject H_0)	$S_1=-3.477$；$p=0.000\ 253$ (reject H_0)
SSVRCAS 与 SHW (0.12, 0.95, 0.2, 0.2)	$H_0:e_1=e_2$	$H_0:e_1=e_2$
	$S_1=-7.430$；$p=0.000$ (reject H_0)	$S_1=-7.430$；$p=0.000$ (reject H_0)
SSVRCAS 与 TF－ε－SVR－SA	$H_0:e_1=e_2$	$H_0:e_1=e_2$
	$S_1=-5.726$；$p=0.000$ (reject H_0)	$S_1=-5.726$；$p=0.000$ (reject H_0)
SSVRCAS 与 SVRCAS	$H_0:e_1=e_2$	$H_0:e_1=e_2$
	$S_1=-1.971$；$p=0.024\ 35$ (reject H_0)	$S_1=-1.971$；$p=0.024\ 35$ (reject H_0)

SSVRCAS 模型比其他对比模型(SARIMA(4,2,2)×(1,2,1)$_{12}$、SHW (0.12,0.95,0.20,0.20)、TF－ε－SVR－SA、SVRCAS)具有更小的 MAPE。这是由于:(1)SVR 模型本身的非线性映射能力和结构风险最小化;(2)CAS 采用组织变量进行蚁群的自组织觅食过程,确定合适的参数组合,并应用混沌序列的遍历性来丰富搜索行为,避免了过早收敛;(3)季节性调整具有良好的负荷需求趋势的季节性/循环分析能力。

在 SVRCAS 模型中,关注个体蚂蚁的混乱行为和蚁群组织觅食活动的交互,而不是“专家规则”,进行协商和协调,寻找更好的解决方案,这是很有意义的。因此,更好的解决方案是在蚂蚁及蚁群之间进行“在实践中学习”活动,以取得总体最优值或接近最优值。有时也用“实用(数值)规则”来引导群体组织变量,增强其对个体蚂蚁混乱行为的影响。此外,举例来说,随着气候变化突发模式的出现,电力负荷数据的趋势可能会呈现更多的非历史性波动,电力负荷数据的未来变化可能会随着周期的缩短而具有更多的循环。SSVRCAS 模型有可能通过蚂蚁及蚁群(组织变量)之间的“在实践中学习”活动来达到接近最优,通过季节调整来调整季节性负载需求的长度(每周、每月、双月、每季等)。因此,在非历史气候变化时代,这会是一个更有潜力的替代预测模型。

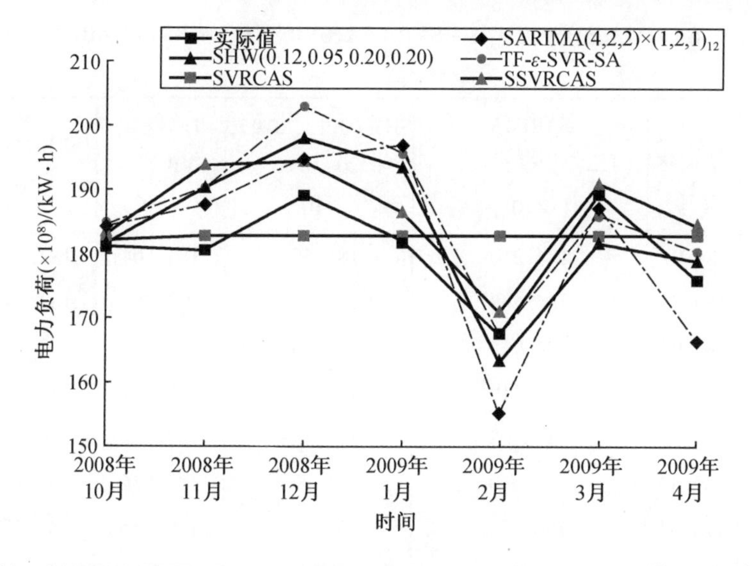

图 5-11 SARIMA、SHW、TF-ε-SVR-SA、SVRCAS 和 SSVRCAS 模型预测结果

5.3.7 基于季节机制的 SVRCABC 模型(SSVRCABC 模型)预测

在 SSVRCAS 模型预测过程中,总用电负荷的季节(循环)长度也设置为 12。因此,在 4.8.3 中所提到的 SVRCABC 模型的 46 个样本预测负荷估计了 12 个季节指标,在训练阶段和验证阶段分别包含 32 个和 14 个样本预测负荷,见表 5-28。通过不同的预测模型(包括 SARIMA$(4,2,2)\times(1,2,1)_{12}$、TF-ε-SVR-SA、SHW(0.12,0.95,0.20,0.20)、SVRCABC 和 SSVRCABC 模型)得到的实际值和样本外预测负荷见表 5-29。具有较小 MAPE 的 SSVRCABC 模型优于 SARIMA$(4,2,2)\times(1,2,1)_{12}$、SHW(0.12,0.95,0.20,0.20)、TF-ε-SVR-SA、SVRCABC 模型,因为它能够很好地预测每个月负载变化趋势。季节性机制进一步修正了 SVRCABC 模型(MAPE = 3.164%)的预测结果,达到更高的预测精度(MAPE = 3.056%)。

表 5-28 SVRCABC 模型每个时间节点的季节性指数

时间节点	季节性指数	时间节点	季节性指数
1 月	1.020 2	7 月	1.087 5
2 月	0.934 6	8 月	1.081 7
3 月	1.044 8	9 月	1.019 5
4 月	1.008 1	10 月	1.004 5
5 月	1.046 7	11 月	1.060 3
6 月	1.046 7	12 月	1.063 7

表 5 - 29　SARIMA、SHW、TF - ε - SVR - SA、SVRCABC 和 SSVRCABC 模型预测结果

（单位：kW · h）

时间节点	实际值（$\times 10^8$）	SARIMA $(4,2,2)\times(1,2,1)_{12}$（$\times 10^8$）	SHW(0.12, 0.95, 0.20, 0.20)（$\times 10^8$）	TF - ε - SVR - SA（$\times 10^8$）	SVRCABC（$\times 10^8$）	SSVRCABC（$\times 10^8$）
2008 年 10 月	181.07	184.210	181.554	184.504	182.131	182.952
2008 年 11 月	180.56	187.638	190.312	190.361	182.788	193.817
2008 年 12 月	189.03	194.915	197.887	202.980	182.791	194.441
2009 年 1 月	182.07	197.119	193.511	195.753	182.793	186.479
2009 年 2 月	167.35	155.205	163.113	167.580	182.795	170.839
2009 年 3 月	189.30	187.090	181.573	185.936	182.747	190.931
2009 年 4 月	175.84	166.394	178.848	180.165	182.772	184.245
MAPE/%		4.404	3.566	3.799	3.164	3.056

Wilcoxon 符号秩检验和渐近测试结果见表 5 - 30 和表 5 - 31。显然，SSVRCABC 模型与 SARIMA$(4,2,2)\times(1,2,1)_{12}$、TF - ε - SVR - SA（在 Wilcoxon 符号秩检验中，仅当 $\alpha=0.05$ 时优于其他模型；而在渐近测试中，两种情况均优于其他模型）、SHW（0.12，0.95，0.20，0.20）和 SVRCABC 模型（在 Wilcoxon 符号秩检验中两个水平都具有显著性，在渐近测试中都失败了）相比，得到了不同显著程度的预测精度改善。与 TF - ε - SVR - SA 模型（也有季节调整机制，但没有混合进化算法和混沌序列）相比较，还发现混沌序列在过早收敛方面可以显著提高性能。通过对 SVRCABC 和 SSVRCABC 模型进行比较，表明了季节机制的优越性，在建模时应该对这些循环信息进行分析。图 5 - 12 给出了不同模型的预测精度。

表 5 - 30　Wilcoxon 符号秩检验

比较模型	Wilcoxon 符号秩检验	
	$\alpha=0.025$ $W=2$	$\alpha=0.05$ $W=3$
SSVRCABC 与 SARIMA$(4,2,2)\times(1,2,1)_{12}$	3	3*
SSVRCABC 与 SHW (0.12, 0.95, 0.20, 0.20)	2*	2*
SSVRCABC 与 TF - ε - SVR - SA	3	3*
SSVRCABC 与 SVRCABC	1*	1*

注：* 表示 SSVRCABC 模型显著优于其他对比模型。

表 5-31　渐近测试

比较模型	渐近(S_1)测试	
	$\alpha=0.05$	$\alpha=0.10$
SSVRCABC 与 SARIMA(4,2,2)×(1,2,1)$_{12}$	$H_0:e_1=e_2$	$H_0:e_1=e_2$
	$S_1=-2.075$;$p=0.019$ (reject H_0)	$S_1=-2.075$;$p=0.019$ (reject H_0)
SSVRCABC 与 SHW (0.12, 0.95, 0.20, 0.20)	$H_0:e_1=e_2$	$H_0:e_1=e_2$
	$S_1=-1.232$;$p=0.108\ 94$ (not reject H_0)	$S_1=-1.232$;$p=0.108\ 94$ (not reject H_0)
SSVRCABC 与 TF-ε-SVR-SA	$H_0:e_1=e_2$	$H_0:e_1=e_2$
	$S_1=-2.446$;$p=0.007\ 22$ (reject H_0)	$S_1=-2.446$;$p=0.007\ 22$ (reject H_0)
SSVRCABC 与 SVRCABC	$H_0:e_1=e_2$	$H_0:e_1=e_2$
	$S_1=-0.808$;$p=0.209\ 58$ (not reject H_0)	$S_1=-0.808$;$p=0.209\ 58$ (not reject H_0)

SSVRCABC 模型比其他对比模型(SARIMA(4,2,2)×(1,2,1)$_{12}$、SHW (0.12,0.95,0.20,0.20)、TF-ε-SVR- SA、SVRCABC 模型)具有更小的 MAPE。这是由于:(1)SVR 模型本身的非线性映射能力和结构风险最小化;(2)CABC 在每次迭代中采用全局搜索和局部搜索以获得更好性能,并应用混沌序列的遍历性来丰富搜索行为,避免过早收敛;(3)季节性机制具有良好的负荷需求趋势的季节性/循环分析能力。

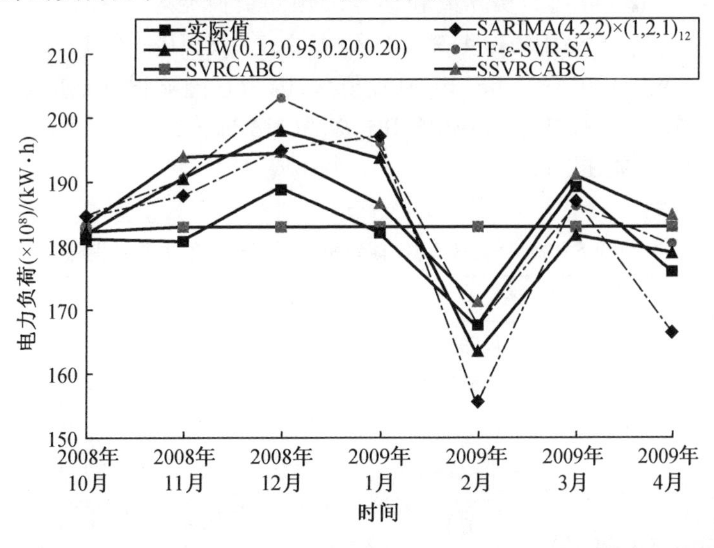

图 5-12　SARIMA、SHW、TF-ε-SVR-SA、SVRCABC 和 SSVRCABC 模型预测结果

5.3.8　基于周期与季节性机制的 SVRCABC 模型预测

本小节将首先讨论所提出的混合模型(基于 CABC 的 SVR 模型)3 个参数的确定,即

RSVRCABC 模型。然后进行组合模型讨论(季节性机制 RSVRCABC 模型,即 SRSVRCABC 模型)。

对于 RSVRCABC 建模过程,根据 4.8.3 的参数确定结果,使用最小测试 MAPE 的 SVRCABC 模型来进一步实现 RSVRCABC 模型。在运行 RSVRCABC 模型之后,获得最终的预测值,并且将最合适的内核参数 σ、C 和 ε 作为模型的使用参数。表 5－32 给出了 RSVRCABC 模型的预测结果和合适的参数,结果表明在使用 25 个输入数据时,这 3 个模型都是最佳的。

表 5－32　RSVRCABC 模型参数确定

输入数据的编号	参数			测试的 MAPE /%
	σ	C	ε	
5	107.24	170.69	8.935 6	3.232
10	5.89	177.03	2.286 0	3.200
15	4.14	9 932.70	14.253 0	3.016
20	63.00	6 326.70	19.181 0	3.009
25	50.27	7 681.30	19.375 0	2.960

考虑季节机制,总用电负荷的季节(循环)长度也设置为 12。因此,在 4.8.3 中所提到的 SVRCABC 模型的 46 个样本预测负荷估计了 12 个季节指标,在训练阶段和验证阶段分别包含 32 个和 14 个样本预测负荷,见表 5－33。通过不同的预测模型(包括 SARIMA$(4,2,2)\times(1,2,1)_{12}$、TF－ε－SVR－SA、SHW(0.12,0.95,0.20,0.20)、SSVRCABC、RSVRCABC 和 SRSVRCABC 模型)得到的实际值和样本外预测负荷见表 5－34。具有较小 MAPE 的 SRSVRCABC 模型优于 SARIMA$(4,2,2)\times(1,2,1)_{12}$、SHW(0.12,0.95,0.20,0.20)、TF－ε－SVR－SA、SSVRCABC、RSVRCABC 模型,因为它能够很好地应对每个月负载变化趋势。季节机制进一步修正了 RSVRCABC 模型(MAPE＝2.960%)的预测结果,从而获得了更高的预测精度(MAPE＝2.387%)。

表 5－33　SVRCABC 模型每个时间节点的季节性指数

时间节点	季节性指数	时间节点	季节性指数
1 月	1.033 6	7 月	1.069 2
2 月	0.916 7	8 月	1.064 8
3 月	1.020 6	9 月	1.011 0
4 月	0.992 3	10 月	0.989 5
5 月	1.020 2	11 月	1.041 5
6 月	1.024 9	12 月	1.080 7

表 5-34　SARIMA、SHW、TF-ε-SVR-SA、SSVRCABC、RSVRCABC 和 SRSVRCABC 模型预测结果

（单位：kW·h）

时间节点	实际值（$\times 10^8$）	SARIMA $(4,2,2)\times(1,2,1)_{12}$（$\times 10^8$）	SHW (0.12, 0.95, 0.20, 0.20)（$\times 10^8$）	TF-ε-SVR-SA（$\times 10^8$）	SSVRCABC（$\times 10^8$）	RSVRCABC（$\times 10^8$）	SRSVRCABC（$\times 10^8$）
2008 年 10 月	181.07	184.210	181.554	184.504	182.952	180.315	178.420
2008 年 11 月	180.56	187.638	190.312	190.361	193.817	180.542	188.039
2008 年 12 月	189.03	194.915	197.887	202.980	194.441	180.769	195.353
2009 年 1 月	182.07	197.119	193.511	195.753	186.479	180.995	187.083
2009 年 2 月	167.35	155.205	163.113	167.580	170.839	181.221	166.122
2009 年 3 月	189.30	187.090	181.573	185.936	190.931	181.447	185.195
2009 年 4 月	175.84	166.394	178.848	180.165	184.245	180.926	179.534
MAPE/%		4.404	3.566	3.799	3.056	2.960	2.387

Wilcoxon 符号秩检验和渐近测试结果分别见表 5-35 和表 5-36。显然，SRSVRCABC 模型比 SARIMA$(4,2,2)\times(1,2,1)_{12}$、SHW(0.12,0.95,0.20,0.20)、TF-ε-SVR-SA、SSVRCABC、RSVRCABC 模型更显著地提高了预测精度。尤其是与 TF-ε-SVR-SA 模型（也有季节调整机制，但没有混合进化算法和混沌序列）相比较，还发现混沌序列可以显著提高在过早收敛方面的性能。通过对 RSVRCABC 与 SRSVRCABC 模型进行比较，验证了后者在季节机制下的优越性，在建模时应该对这些循环信息进行分析。图 5-13 给出了不同模型的预测精度。

表 5-35　Wilcoxon 符号秩检验

比较模型	Wilcoxon 符号秩检验	
	$\alpha=0.025$ $W=2$	$\alpha=0.05$ $W=3$
SRSVRCABC 与 SARIMA$(4,2,2)\times(1,2,1)_{12}$	2^*	2^*
SRSVRCABC 与 SHW (0.12, 0.95, 0.20, 0.20)	2^*	2^*
SRSVRCABC 与 TF-ε-SVR-SA	0^*	0^*
SRSVRCABC 与 SSVRCABC	2^*	2^*
SRSVRCABC 与 RSVRCABC	2^*	2^*

注：* 表示 SRSVRCABC 模型显著优于其他对比模型。

表 5-36　渐近测试

比较模型	渐近(S_1)测试	
	$\alpha=0.05$	$\alpha=0.10$
SRSVRCABC 与 SARIMA(4,2,2)×(1,2,1)$_{12}$	$H_0:e_1=e_2$	$H_0:e_1=e_2$
	$S_1=-3.417;p=0.000\ 313$ (reject H_0)	$S_1=-3.417;p=0.000\ 313$ (reject H_0)
SRSVRCABC 与 SHW (0.12, 0.95, 0.20, 0.20)	$H_0:e_1=e_2$	$H_0:e_1=e_2$
	$S_1=-5.896;p=0.000$ (reject H_0)	$S_1=-5.896;p=0.000$ (reject H_0)
SRSVRCABC 与 TF-ε-SVR-SA	$H_0:e_1=e_2$	$H_0:e_1=e_2$
	$S_1=-5.355;p=0.000$ (reject H_0)	$S_1=-5.355;p=0.000$ (reject H_0)
SRSVRCABC 与 SSVRCABC	$H_0:e_1=e_2$	$H_0:e_1=e_2$
	$S_1=-1.971;p=0.024\ 35$ (reject H_0)	$S_1=-1.971;p=0.024\ 35$ (reject H_0)
SRSVRCABC 与 RSVRCABC	$H_0:e_1=e_2$	$H_0:e_1=e_2$
	$S_1=-1.960;p=0.025$ (reject H_0)	$S_1=-1.960;p=0.025$ (reject H_0)

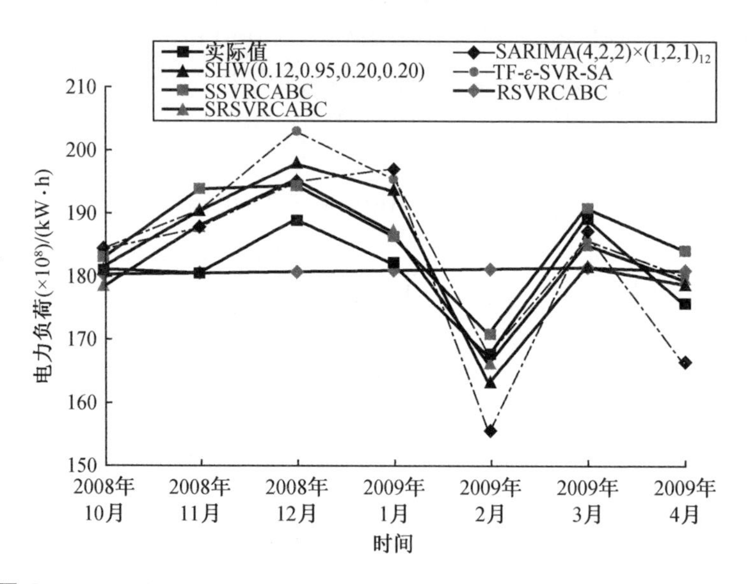

图 5-13　SARIMA、SHW、TF-ε-SVR-SA、SSVRCABC、RSVRCABC 和 SRSVRCABC 模型预测结果

与其他模型(SARIMA(4,2,2)×(1,2,1)$_{12}$、SHW(0.12,0.95,0.20,0.20)、TF-ε-SVR-SA、SSVRCABC 和 RSVRCABC 模型)相比,SRSVRCABC 模型具有更小的 MAPE。这是由于:(1)SVR 模型本身的非线性映射能力和结构风险最小化;(2)CABC 在每次迭代中采用全局搜索和局部搜索以获得更好性能,并应用混沌序列的遍历性来丰富搜索行为,避免过早收敛;(3)周期机制具有较强的能力,能够从以往的电力负荷数据中获取更多的数据模式信息;(4)季节调整具有良好的周期性(季节性)负荷需求趋势分析能力。例如,与SVRCABC 模型相结合的周期机制,也有助于改进 SVRCABC 模式,得到更好的解决方案,以使 RSVRCABC 模型的另一个解决方案$(\sigma, C, \varepsilon) = (50.27, 7\ 681.30, 19.375\ 0)$成为最佳的解决方案。最后,季节机制进一步修正了 RSVRCABC 模型的预测结果,获得了更高的预测精度(MAPE = 2.387%)。

通过周期机制和季节机制来解决这一问题是很有意义的,提出的 SRSVRCABC 模型能够处理各种数据模式,不管数据波动趋势是持续增加或减少。此外,举例来说,随着气候变化突发模式的出现,电力负荷数据或能源消费数据的趋势可能呈现更多的非历史性波动;或者随着可再生能源对电力生产的大量渗透,电力负荷数据的未来变化可能会随着周期的缩短而变化。SRSVRCABC 模型有通过在蜜蜂及其群体间进行“搜索交流”活动,近似达到全局最优或接近最优的能力,通过周期机制了解更多的波动变化的负载需求的能力,还有通过季节机制调整季节性负载需求的长度(每周、每月、双月、每季等)的能力。因此,在非历史性气候变化时代,这会是更有潜力的替代预测模型。

5.3.9 基于季节机制的 SVRCIA 模型(SSVRCIA 模型)预测

在 SSVRCIA 模型预测过程中,总用电负荷的季节(循环)长度也设为 12。因此,在 4.9.3 中提到的 SVRCIA 模型的 46 个样本预测负荷估计了 12 个季节指标,在训练阶段和验证阶段分别包含 32 个和 14 个样本预测负荷,见表 5-37。通过不同的预测模型(包括 SARIMA$(4,2,2)\times(1,2,1)_{12}$、TF-$\varepsilon$-SVR-SA、SHW(0.12,0.95,0.20,0.20)、SVRCIA 和 SSVRCIA 模型)得到的实际值和样本外预测负荷见表 5-38。具有较小 MAPE 的 SSVRCIA 模型优于 SARIMA$(4,2,2)\times(1,2,1)_{12}$、SHW(0.12,0.95,0.20,0.20)、TF-ε-SVR-SA、SVRCIA 模型,因为它能够很好地处理每个月负载变化趋势。季节机制进一步修正了 SVRCIA 模型的预测结果(MAPE = 3.041%),因此获得了更高的预测精度(MAPE = 1.766%)。

表 5-37 SVRCIA 模型每个时间节点季节性指数

时间节点	季节性指数	时间节点	季节性指数
1月	1.015 3	7月	1.066 3
2月	0.908 9	8月	1.061 5
3月	1.012 6	9月	1.007 6
4月	0.985 3	10月	0.973 4
5月	1.018 7	11月	1.024 7
6月	1.022 5	12月	1.061 4

表 5 - 38　SARIMA、SHW、TF - ε - SVR - SA、SVRCIA 和 SSVRCIA 模型预测结果

（单位：kW · h）

时间节点	实际值 ($\times 10^8$)	SARIMA $(4,2,2)\times(1,2,1)_{12}$ ($\times 10^8$)	SHW(0.12, 0.95, 0.20, 0.20) ($\times 10^8$)	TF - ε - SVR - SA ($\times 10^8$)	SVRCIA ($\times 10^8$)	SSVRCIA ($\times 10^8$)
2008 年 10 月	181.07	184.210	181.554	184.504	179.028	174.274
2008 年 11 月	180.56	187.638	190.312	190.361	179.412	183.844
2008 年 12 月	189.03	194.915	197.887	202.980	179.795	190.837
2009 年 1 月	182.07	197.119	193.511	195.753	180.176	182.934
2009 年 2 月	167.35	155.205	163.113	167.580	180.556	164.106
2009 年 3 月	189.30	187.090	181.573	185.936	180.934	183.211
2009 年 4 月	175.84	166.394	178.848	180.165	178.104	175.483
MAPE/%		4.404	3.566	3.799	3.041	1.766

Wilcoxon 符号秩检验和渐近测试结果分别见表 5 - 39 和表 5 - 40。显然，SSVRCIA 模型除了 SVRCIA 模型（在 Wilcoxon 检验中，仅当 $\alpha = 0.05$ 时优于其他模型；而在渐近测试中，两种情况都优于其他模型），几乎都比其他对比模型显著提高了预测精度。特别是与 TF - ε - SVR - SA模型（也有季节调整机制，但没有混合进化算法和混沌序列）相比较，还发现由于 CIA 在 SVR 模型中具有较强的搜索能力，因此混沌序列可以显著提高在早熟收敛方面的性能，并利用季节性机制来调整电力负荷的季节性/循环效应。通过比较 SVRCIA 和 SSVRCIA 模型，说明本节采用的季节性机制的优越性能够很好地处理这种循环数据类型，因此在建模时应该注意这些循环信息。不同模型的预测精度如图 5 - 14 所示。

表 5 - 39　Wilcoxon 符号秩检验

比较模型	Wilcoxon 符号秩检验	
	$\alpha = 0.025$ $W = 2$	$\alpha = 0.05$ $W = 3$
SSVRCIA 与 SARIMA$(4,2,2)\times(1,2,1)_{12}$	2*	2*
SSVRCIA 与 SHW (0.12, 0.95, 0.20, 0.20)	2*	2*
SSVRCIA 与 TF - ε - SVR - SA	0*	0*
SSVRCIA 与 SVRCIA	3	3*

注：* 表示 SSVRCIA 模型显著优于其他对比模型。

表 5－40　渐近测试

比较模型	渐近(S_1)测试	
	$\alpha=0.05$	$\alpha=0.10$
SSVRCIA 与 SARIMA(4,2,2)×(1,2,1)$_{12}$	$H_0:e_1=e_2$	$H_0:e_1=e_2$
	$S_1=-3.091;p=0.000\ 97$ (reject H_0)	$S_1=-3.091;p=0.000\ 97$ (reject H_0)
SSVRCIA 与 SHW (0.12, 0.95, 0.20, 0.20)	$H_0:e_1=e_2$	$H_0:e_1=e_2$
	$S_1=-20.751;p=0.000$ (reject H_0)	$S_1=-20.751;p=0.000$ (reject H_0)
SSVRCIA 与 TF－ε－SVR－SA	$H_0:e_1=e_2$	$H_0:e_1=e_2$
	$S_1=-5.692;p=0.000$ (reject H_0)	$S_1=-5.692;p=0.000$ (reject H_0)
SSVRCIA 与 SVRCIA	$H_0:e_1=e_2$	$H_0:e_1=e_2$
	$S_1=-1.797;p=0.036\ 14$ (reject H_0)	$S_1=-1.797;p=0.036\ 14$ (reject H_0)

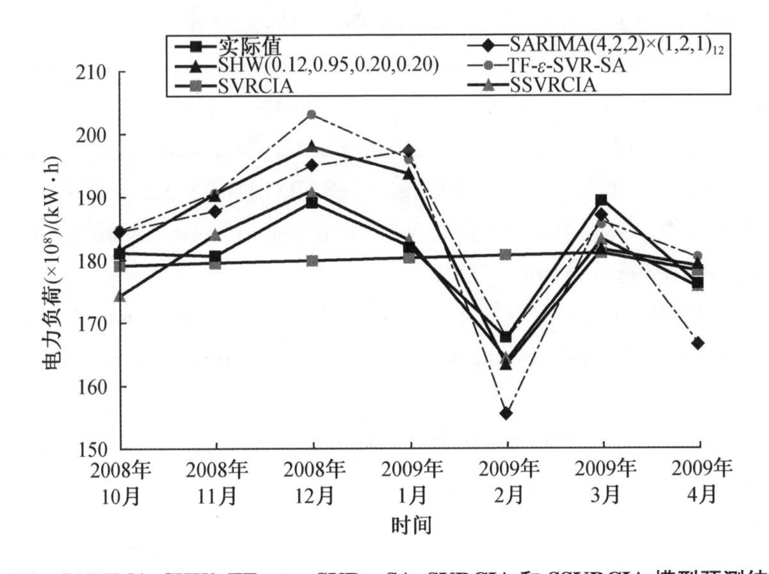

图 5－14　SARIMA、SHW、TF－ε－SVR－SA、SVRCIA 和 SSVRCIA 模型预测结果

SSVRCIA 模型具有比其他对比模型(SARIMA(4,2,2)×(1,2,1)$_{12}$、SHW (0.12,0.95,0.20,0.20)、TF－ε－SVR－ SA、SVRCIA 模型)更小的 MAPE。SSVRCIA 模型的优越性不仅仅是因为它在 SVR 建模时对凸集的理论假设,而且还因为 CIA 在 SVR 中确定合理参数时的优越搜索能力(这就是为什么它优于 TF－ε－SVR－SA 模型)和有效的季节性机制(这就是为什么它优于 SVRCIA 模型)。相比之下,SARIMA 模型采用了基于特定假设的参数化技术,如基础变量的当前值与变量的先前值和误差项之间的线性关系,而这些假设并不完全符合实际问题。

参 考 文 献

[1] KECHRIOTIS G, ZERVAS E, MANOLAKOS E S. Using recurrent neural networks for adaptive communication channel equalization[J]. IEEE Transactions on Neural Networks, 1994, 5(2):267 - 278.

[2] ELMAN J L. Finding structure in time[J]. Cognitive Science, 1990, 14(2):179 - 211.

[3] WILLIAMS R J. A learning algorithm for continually running fully recurrent neural networks [J]. Neural Computation, 1989 (1) :270 - 280.

[4] TSOI A C, BACK A D. Locally recurrent globally feedforward networks: acritical review of architectures[J]. IEEE Trans Neural Networ, 1994(5):229 - 239.

[5] JHEE W C, LEE J K. Performance of neural networks in managerial forecasting[J]. Intelligent Systems in Accounting, Finance & Management, 1993, 2(1):55 - 71.

[6] SUYKENS J A K. Least squares support vector machines[J]. International Journal of Circuit Theory & Applications, 2002, 27(6):605 - 615.

[7] CONNOR J T, MARTIN R D, ATLAS L E. Recurrent neural networks and robust time series prediction[J]. IEEE Trans Neural Networks, 1994, 5(2):240 - 254.

[8] GENCAY R, LIU T. Nonlinear modelling and predication with feedforward and recurrent networks[J]. Physica D, 1997, 108(1 - 2):119 - 134.

[9] KERMANSHAHI B. Recurrent neural network for forecasting next 10 years loads of nine Japanese utilities[J]. Neurocomputing, 1998, 23(1 - 3):125 - 133.

[10] MANDIC D P, CHAMBERS J A. Recurrent neural networks for prediction[M]. New York: John Wiley and Sons, 2001.

[11] MARTENS M, CHANG Y C, TAYLOR S J. A comparison of seasonal adjustment methods when forecasting intraday volatility[J]. Journal of Financial Research, 2002, 25(2):283 - 299.

[12] TAYLOR S J, XU X. The incremental volatility information in one million foreign exchange quotations[J]. Journal of Empirical Finance, 19974(4), 317 - 340.

[13] ANDERSEN T G, BOLLERSLEV T. Dm - dollar volatility: intraday activity patterns, macroeconomic announcements, and longer run dependencies [J]. Social Science Electronic Publishing,1998(53):219 - 265.

[14] DEO R, HURVICH C, LU Y. Forecasting realized volatility using a long - memory stochastic volatility model: estimation, prediction and seasonal adjustment[J]. Journal of Econometrics, 2006, 131(1 - 2):29 - 58.

[15] WANG J, ZHU W, ZHANG W, et al. A trend fixed on firstly and seasonal adjustment model combined with the epsilon - SVR for short - term forecasting of electricity demand [J]. Energy Policy, 2009, 37(11):4901 - 4909.